金井真紀・文と絵
道法正徳ほか・取材協力

〇農《マルノウ》のひと

左右社

マル農のひと

はじめに

道法正徳《どうほうまさのり》さんは国内外を縦横無尽に飛びまわり、各地の農家を集めて講習会を開き、技術を伝えているおじさんだ。いわば「流しの農業技術指導員」。

道法さんが説く農法はあまりにも独特なので、初めて耳にした者は誰しも半信半疑になる。曰く、芽の伸ばし方、枝の切り方、実を摘むタイミングなどを工夫すれば、肥料を一切使わなくても作物は元気に育つ。そのうち農薬も不要になる。穀物もくだものも野菜もおいしくつくることができて、収量も増える。つまりこれは地球環境を守るとともに儲かる農業への道である……。

道法スタイルは既存の自然栽培や有機栽培とはまったく違う。もちろん肥料や農薬をたっぷり使う昔ながらの農協のやり方とはまるで相容れない。ところが道法さん自身がかつて農協の指導員だったというのだから、はなしは俄然おもしろくなってくる。

「……というね、いかにもあなたが好きそうな変なおっちゃんがいるんやけど。はなしを聞いて本にしたらどうやろ」

と友人に言われたのは、いまから3年前のこと。道法さんが東京に来る機会をとらえて、池袋の喫茶店で初めてお会いした。広島弁全開で、たまにベタな下ネタを折り混ぜつつ、革命的な農法について熱く語る道法さん。はっきり言って、ほとんど理解できなかった。なにしろこっちは農業の「の」の字も知らないのだ。おそらく道法さんは呆れたと思う。あちゃちゃ、こいつには革命を説く前にアンシャン・レジームを丁寧に説明する必要がある、と悟ったはずだ。

そこから、長い取材の旅が始まった。

道法さんのはなしを3年にわたって聞いた。東京で、広島で、出張先の地方都市で。車や電車で移動しながらインタビューすることもあったし、燗酒を注ぎ合いながらのんびりはなすこともあった。ご家族が同席してくれる機会もあり、そういうとき、道法さんの下ネタは鳴りを潜めた。

枝が伸びる仕組み、花が咲いて実になる流れ、なぜ虫がつくのか、太陽や水との関係など植物の基本から教えてもらった。農耕という、2万年以上前から続く、いまもなお発展途上である行為の奥深さを伺い知ることもできた。自分のなかにもある土や樹や花や実に触れるとホッとする心、その源泉を思ったりした。

しかしわたしがもっとも興味を惹かれたのは、道法さんという人間の特異なあり方だ。道法さんは瀬戸内海に浮かぶ島の農協で仕事をしながら、おそらくこれまで世界中の誰も気づかなかった農法にたどり着いた。この奇跡の最大の理由は、道法さんが「組織のなかにあってひとを見なかった」ことにあるとわたしは睨んでいる。

道法さんのはなしから、しばしば「組織のモンダイ」という普遍的なテーマが透けて見えた。そのたびにわたしは大喜びでメモをとった。

「組織のなかではな、余計なことをしたらむしろ評価は下がるんじゃ」

「なにかを変えるいうことは、前任者を否定することになるじゃろ」

「組織っちゅうところでは、みんなの足並みを乱すことが最大の罪じゃ」

あー、ひどい、バカくさい、おもしろい。げに恐ろしきは組織である。

どんなひとだって、太平洋戦争時の日本陸軍のはなしを読むと、はらわたが煮え繰り返り、人間の愚かさに絶望的になるだろう。「そっち向かっても絶対にうまくいかないってわかってんのに、なんでそっちに進む!?」「みんな、目を覚ませ!」と叫びたくなる。いや、目を覚ましていても引き返せないことだって往々にしてある。ベトナム戦争の開戦時、アメリカ政府内でドミノ理論を信じていたひとはふたりしかいなかったというではないか。「このやり方は違っているよね」ってみんな内心思っていたのに、口に出せずに事態は進んでいっちゃったのだ。

そういうことは古今東西、組織の大小を問わず、あらゆる人間の所業のなかで繰り返されてきた。組織という点では道法さんが所属していた広島県果実農業協同組合連合会（以下ＪＡ広島果実連）も例外ではない。

わたしははなしを聞きながら、いつも興奮した。これは農業の技術革新のはなしであると同時に、組織のなかにあって真実を見る目が曇らなかった稀有なおっちゃんのはなしだ。なぜ道法さんが組織の愚かさに巻き込まれずに済んだのか。それは、道法さんが人間どもの声ではなく植物の声を聞き続けたからだ。

さらに旅は続いた。

本書の後半は、道法スタイルの実践者たちを訪ねたレポートになっている。お会いしたのは生産者が４人、大学の先生とワイナリーの経営者と地方公務員がひとりずつ。計７人のそれぞれに農の人生があり、圧倒されるはなしばかりだった。農業について取材しに行ったつもりが、思いがけず水俣病や福島原発事故の貴重なはなしを聞かせてもらう展開になったりもした。でも考えてみれば当然かもしれない。農業は環境問題やエネルギー問題と地続きなのだ。

変なおっちゃんから連なる先には、やっぱり変なひとたちが生きていた。みんな、この人生で与えられた任務を背負って今日も土の上を歩く。

目次

第1部 農の伝道師、道法正徳さんのはなし

シンプルでまったく新しい農法ができるまで

第2部

それぞれの農の挑戦

道法スタイルの実践者たち

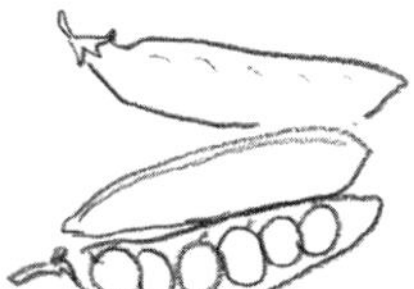

登場人物

道《どう》法《ほう》正《まさ》徳《のり》さん　広島県

上司の言うことを聞かずミカンの声を聞いた。驚異の農法に開眼したひと

道法スタイルの実践者たち

松《まつ》村《むら》暁《あき》生《お》さん　長野県

酪農のエキスパートから果樹農家に。リンゴの樹に頭を下げて謝罪したひと

矢《や》野《の》美《み》紀《き》さん　山梨県

東京大学農学部出身。自然栽培、有機栽培、植物の力を学術的に研究するひと

林《はやし》貴《たか》士《し》さん　長野県

方位学のお導きで長野に移住。モンゴル製のゲルに住み、44歳で就農したひと

山《やま》田《だ》純《じゅん》さん　福島県

3.11後の福島で、脱原発の電力会社とワイナリーを立ち上げたひと

福《ふく》田《だ》大《だい》作《さく》さん　熊本県

漁師の息子が農業担当の公務員として奮闘。水俣病を経た地域を支えるひと

ヘイさん　非公開

農協の方針に従う父親の目を忍んで、こっそり無肥料・無農薬を実践するひと

橋《はし》本《もと》慎《しん》司《じ》さん　兵庫県

ブラジルで空手に、インドで非暴力に出会う。徹底して多品種・少量生産のひと

農の伝道師、
道法正徳
さん

1のはなし

シンプルで
まったく新しい
農法ができるまで

1

農法を伝えるために、東へ西へ

飛行機は、広島空港にすとんと着陸した。それからのっそりのっそりと到着口に向かう。客室乗務員による「すべての電子機器がご使用になれます」のアナウンス。わたしは鞄のなかからスマートフォンを取り出し、電源ボタンを押し——その瞬間、電話がかかってきた。

「着いた？」

わはは、なんだこの絶妙のタイミングは。これぞ道法さんだなぁと笑ってしまう。道法さんは気遣いのひとであり段取りのひとである。ぐずぐずするのが大嫌い。「空港まで迎えにいってやるけえ」と言ったからには、ドンピシャの間合いで車を空港に横づけしたいのだ。きっと朝から徹底的に時間読みをしているに違いない。わたしはニヤニヤしながら飛行機を降りた。

そうしてたぶん、絶妙のタイミングを読む道法さんの力はやっぱりその生き方が深く関係しているんじゃなかろうか、とわたしは推測する。道法さんがふだん聞いているのは、人間の声じゃなくて、植物の声だ。常人とはまるで違う感度をもっているはずである。植物の声が聞こえるひとにとって、わたしがスマホの電源を入れたタイミングを察するなんて朝めし前だ、たぶん。

空港ビルを出ると、道法さんが笑いながら立っていた。

「ようこそ、広島へ」

明るいグリーンのダウンジャケット、ピンクのスニーカー。あいかわらず、しゃれている。

「白髪じゃから、明るい服を着るようにしとるんじゃ」

道法さんは照れくさそうに言いながら、近くに駐めた車まで案内してくれた。後部に農作業の道具や収穫物がたくさん積める大きな車だ。

「もともと服が好きなんじゃ。若いころはチャラ男じゃったしな」

車は、早春のやわらかい光のなかを走り出す。

道法正徳さんは１９５３年、広島県のミカン農家に生まれた。大学卒業後はＪＡ広島果実連の技術指導員に。そこで30年ほど、主にミカン農家の指導を受け持った。その途中で、とんでもない農法にたどり着いてしまった。肥料も農薬もほとんど使わず、手間をかけず、それでいてミカンが甘くなる、収量は増える、魔法のような農法だ。

ウソだろ、とみんなは言った。第一そんなやり方は、肥料や農薬を販売している農協の方針とは折り合わない。

「それでまぁ、左遷に次ぐ左遷じゃ」

左遷に次ぐ左遷というフレーズを言うとき、なぜか道法さんはうれしそうな顔をする。結局、52歳でＪＡ広島果実連をやめた。

現在はいわばフリーランスの農業技術指導員。教えを乞いたいと願う農家が全国にいて、道法さんはせん定バサミを手に今日は東へ、明日は西へと走りまわっている。ときには海外からの依頼もあって、アフリカでも南米でもひょいひょいと出かけていく。

「世界中から声がかかるって、すごいですね」

「レジェンドじゃからな。って自分で言うたらダサいか。わはは」

2

え？ 縛るだけでいいの？

笑っているうちに車は山口県に入った。その日、周防大島《すおうおおしま》で道法さんのセミナーがあり、参加させてもらうことになっていた。昼過ぎに会場に着くと、すでに50人以上の受講者が集まっている。地元のひともいれば、山陰や九州からはるばる道法さんのはなしを聞きにきたひとも。ベテラン生産者から新規就農者まで、農業の経験年数にも幅があるようだった。ただ参加者に共通しているのは、みんな無肥料・無農薬栽培や有機栽培に興味をもち、模索している農家であること。

隣の席のおじさんに、なんで道法さんのはなしを聞きにきたのかと問うと、

「消毒とか滅菌とか害虫駆除とか、そういうことをしないで農業ができたらいいのに、とずっと思ってきた。自然に対して傲慢じゃない生き方ができて、それが職業としても成り立つならばどんなにいいだろうと思ってねぇ」

と語っていたのが印象深い。理想の生き方とお金儲けの方法が一致したら、ほんとうに最高だ。

「私のやり方は、とにかく縛るんです」

道法さんは、スクリーンに畑の野菜やくだものの写真を映し出していった。ミカンの苗木、トマトの枝、ブドウのつる、大根の葉っぱ。どれもが見事に縛られている。

「こうすると肥料なんかいらんのです。肥料やるよりよっぽど元気に大きく甘く育つんじゃから。縛るだけでいいの」

え？　縛るだけでいいの？　ざわつく会場。一般的には、くだものの苗木や野菜を植えたら肥料をやるのが当たり前。有機栽培の場合は、動物の糞や落ち葉を集め、発酵させて堆肥をつくる「土づくり」こそが基本だと考えられている。それをなんだと？　「縛るだけでいい」だと？　みんな、にわかには飲み込めない顔をしている。

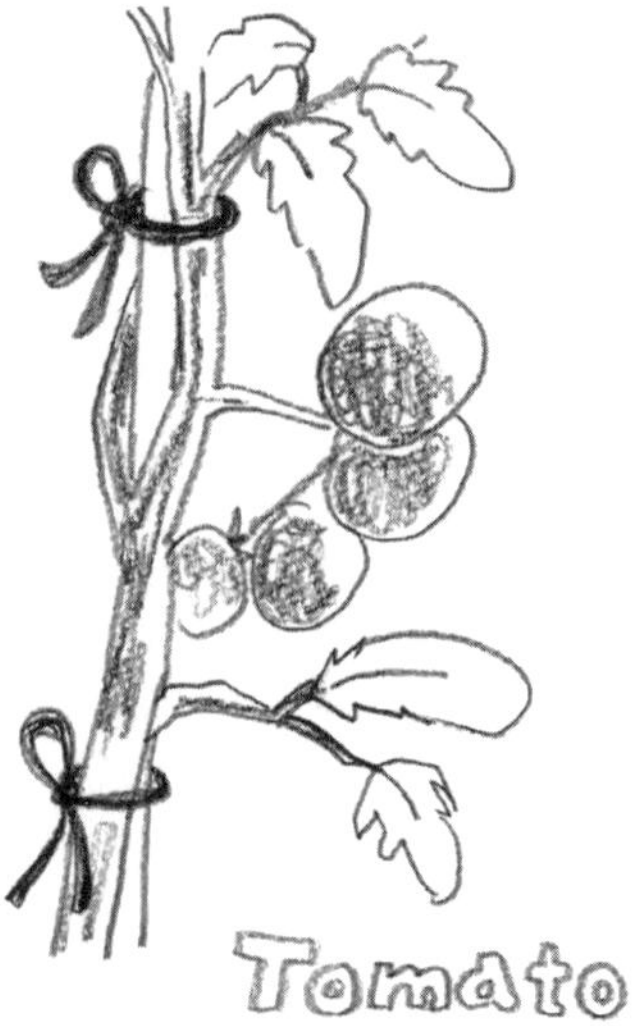

「みなさん、そんなことでうまくいくんかと思うでしょう。農業技術の教科書には書いてないし、これまでの常識にはないことじゃ。でもピーター・ドラッカーっちゅう有名な経営学者は言ったんです。『理論は現象の後追いである』って。実際にやってみたらわかるんじゃから」

道法さんは自信満々に語る。縛りさえすれば、肥料をやる必要もわき芽を摘む必要もないから手間が省ける。それに害虫や病気にも強くなるから農薬もぐっと減らすことができる。味もよくなるし、たくさん実る……。って聞けば聞くほどいいことずくめで、はなしがうまくできすぎていやしないかと訝しくなるほどだ。

「枝を縛ったら、甘いミカンがたくさんできるんじゃ」

会場から質問が飛ぶ。

「くだものも野菜も、縛るのは同じなんですか？」

道法さんは大きくうなずき、もっともらしく語った。

「犬でも猫でも、ひっくり返しておっぱいを触るとキャインキャインって喜ぶでしょう。動物はみんな同じ、ね。それと一緒で、果樹も野菜も元気になるのは同じ仕組みなんです」

ぎゃはは、なんだそりゃ。わたしはのけぞりながらも、なにやら捨て置けないものを感じた。なにしろ道法さんは植物の声を聞くことができるひとだ。おっぱいキャインキャインと道法スタイルの農法には深い関係がある。のかもしれない。

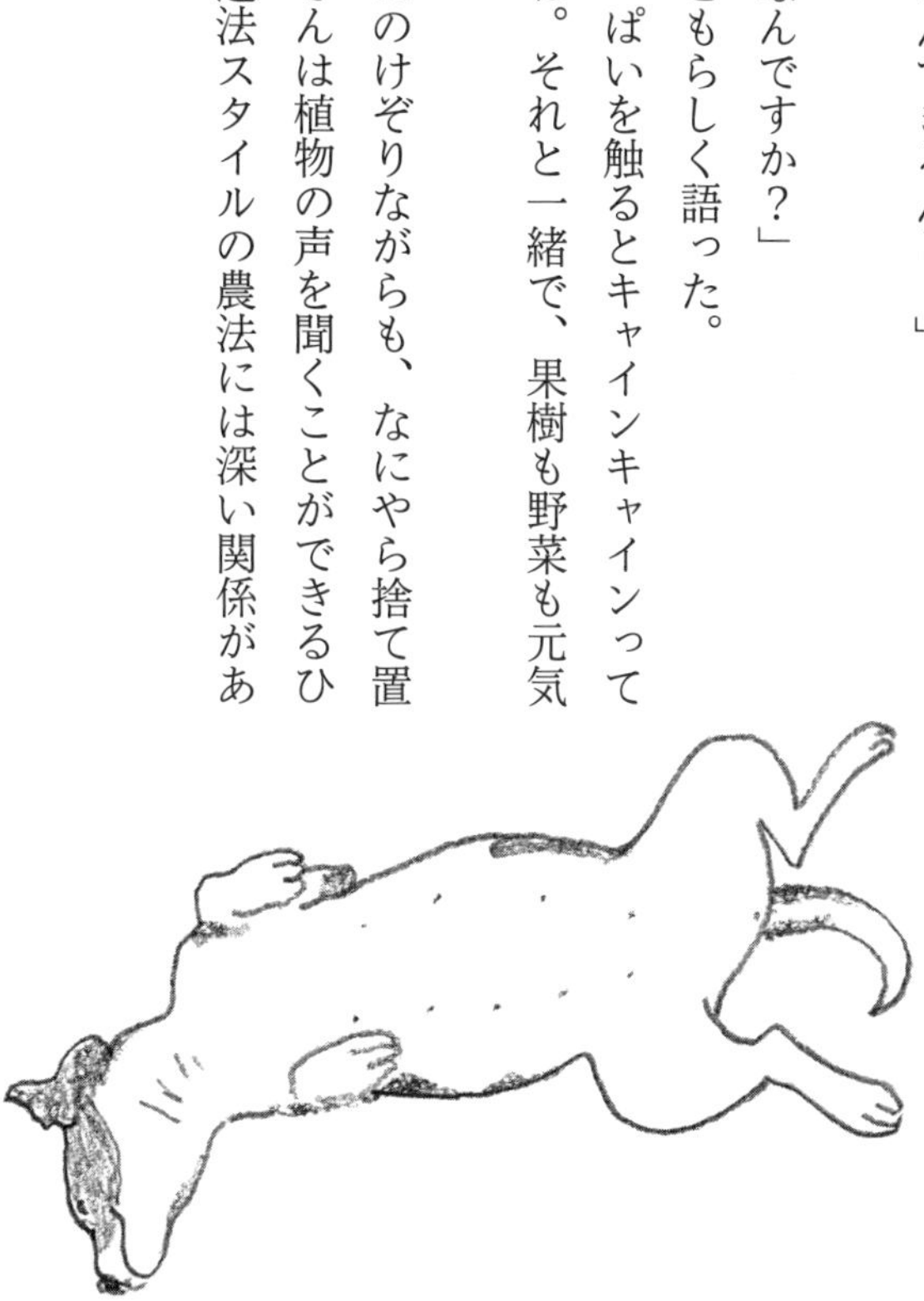

3

チャラ男、技術指導員になる

道法さんが生まれたのは広島県豊田《とよた》郡（現・呉《くれ》市）の豊島《とよしま》。いまは本州と橋でつながっているが、かつてはフェリーを2本乗り継いで渡るのどかな離島だった。家業はミカン農家。上にお姉ちゃんが3人いて、道法家待望の男児だったというから、さぞ大事に育てられたのだろう。「4歳まで母ちゃんのおっぱいを吸っとった」らしい。

長男坊は、幼いころからミカン農家を継ぐ気満々だった。高校は、家を離れて愛媛大学農学部附属農業高等学校に進学。そこで学問に熱中……はせず、おしゃれに目覚めた。「島の出身だからとバカにされてはいけない」と、VANジャケットを扱う洋品店に入り浸った。ギターもやった。バイクにも乗った。「徹底的に軟派の道を極めたんじゃ。そら、決まっとるじゃろ、女の子にモテたい一心じゃ」

卒業後は花のお江戸の大東文化大学へ。アメリカンフットボール部に入部するもチャラ男生活は続いた。ある日、行きつけの喫茶店でともちゃんと出会う。かわいくて、弾んでいて、め

小学校4年生、
お坊ちゃんだった頃。

大学のアメリカンフットボール部で
ブイブイ言わせていた頃。
22

ちゃくちゃ明るい女の子。道法さんはプッシュしまくり、ついにともちゃんを振り向かせた。プロポーズのことばは以下の通りだ。

「ギンガムチェックのシャツを着て、オーバーオールのジーンズを履いて、ぼくと一緒にミカンをつくろう」

にひひひ。チャラさ全開。

大学卒業後、広島県果樹試験場で専門知識を学んだ道法さんは、JA広島果実連の技術指導員にならないかと誘われた。「いずれは実家のミカン農家を継ぐつもりじゃったけど、勉強のために指導員をやるのもいいかもしれんな」と軽い気持ちで引き受けた。

最初の赴任地は瀬戸内海に浮かぶ大崎上島《おおさきかみじま》。当時、島には5つの農協があり、そのうちのひとつ木江《きのえ》町《ちょう》農協が道法さんの職場となった。農協（農業協同組合）は戦後にできた組織で、農家の生活全般を支えている。肥料や農薬や農業機械を供給し、農業のやり方を指導し、できた農産物を売り、さらにはお金を預かったり貸したり銀行のような役目も果たす。ホームページに「ＪＡはニックネームです」と書いてあって、ああそうなのか、と思う。ジェームス・ブラウンを「ＪＢ」って呼ぶみたいな感じか。

１９７８年、東京のともちゃんも大崎上島に嫁いできた。ともちゃん、すなわち知江《ともえ》さんは当時を振り返って言う。

「島の暮らしにはびっくりしたわよー。玄関の鍵なんて誰もかけない。だから、近所のひとがどんどん家に上がってきちゃうの」

木江町農協の組合員には約３００戸の柑橘農家がいて、技術指導員は道法さんひとりだった。担当する作物はミカン、伊予柑、ネーブル、はっさく、甘夏。試験場で学んだ技術と『柑橘』（養賢堂）という教科書を頼りに、どの肥料をどのタイミングでどれくらいまいたらいいか、せん定は、農薬は、摘果（果実の間引き）は……と1年間つきっきりで指導する。目指すは甘いミカン、きれいなミカン、そしてとにかく収量を多く！　である。

道法さんが技術指導員になった昭和50年代、ミカン栽培は受難の時代を迎えていた。つくればつくるだけ高値で売れた時代は去り、全国的にミカンの値が安くなっていたのだ。ミカン農家は希望を失い、なかには除草剤を飲んで命を絶つ者まで出た。

「あのころの除草剤は濃かったけえ、飲めばすぐ死ねた」

道法さんは、事実を事実として淡々と言う。自殺者が出たあと、除草剤は薄めて販売されるようになったとか。ミカン栽培を諦めて、伊予柑、甘夏、ネーブルなど単価が高い柑橘に切り替えた農家もいるし、家のローンや子どもの学費を捻出するため泣く泣く離農するひとも多かった。

ミカン農家に生まれ育った道法さんは、季節ごとにミカン農家が体験するおもしろさも不安もよく理解できた。何年もかけて大きく育てたミカンの樹を手放す決断の重み、悲しみはひとごととは思えない。それで奮い立った。

「どうしたら1円でも高く売れるミカンができるか？」

必死に模索していくことになる。これまでに試験場で習ったり先輩から教わったりした方法をすべて取り入れて指導に当たった。ミカン農家もまた、真剣に取り組んだ。みんながよかれと思って動いていた。だがしかし。「よかれと思って」の罠は人生のいたるところに落ちている。

4

すべては、ひとつの疑問から始まった

「最初の疑問はせん定じゃった」

と道法さんは語り出す。

せん定とは、樹の枝を切って樹形を整えること。ミカンを含む多くの果樹では、春先のせん定がなにより重要視されている。どの枝を切って、どの枝を残すか。その判断によって収穫量やミカンの出来が変わってくる。

当時は——そしていまも多くの農家では——「日当たりがよければミカンが甘くなる」と考えるので、ゆくゆく日陰をつくりそうな上部の枝（これを立ち枝という）をあらかじめ落としておくのがせん定の基本。さらに「樹形を美しくする」のもせん定の大事な要素とされていた。そうすれば、樹全体に日光が届くし、樹の上のほうに実がつくことがないので収穫もしやすい。

道法さんのような技術指導員は、毎年1月から2月にかけて「せん定講習会」を開く。担当地区のミカン農家を集めて、彼らの目の前で実際に枝を切って見せるのだ。まずは、みんなが

集まりやすい立地でそこそこ広いミカン畑の持ち主に「おたくのミカンの樹をせん定講習で使わせてください」とお願いする。「いいよ、好きに使ってくれ」と色よい返事がもらえたら、さて畑のなかのどの樹をせん定するかが問題だ。

「せん定講習で使った樹にいい実がならんかったら赤っ恥じゃろ。だから、事前にこっそり偵察しとくんよ」

道法さんはあらかじめひとりで畑を見まわって、その年にたくさん花をつけそうな樹に目をつけておく。そんなことはおくびにも出さず、せん定講習の当日には涼しい顔で言うのだ。

「さあて、どの樹を切りましょう？　みなさん、好きなのを選んでください」

どの樹でもうまく切ってみせますよ、というそぶりを見せながら、さりげなーく事前に目をつけた1本に近寄っていく。

「あ、この樹は枝が暴れてますねぇ。じゃ、これを切ってみましょうか」

なんて、さもその場で決めたかのようにせん定する。ふふふ、聴衆を巧みに誘導する手品師みたい。すると半年後、道法さんがせん定指導に使った樹にはたくさんのミカンがなって、「さすが道法くんじゃのう」と褒められることになる。何十年もミカンをつくり続けてきたベテラン農家を相手に若い指導員が渡り合っていくには、それなりの裏技が必要なのだ。せん定講習、大成功！

そこまではいい。問題は翌年だった。

前年のせん定講習会で道法さんが枝を切ったミカン、次の年になると実がうんと少なくなる。

「あれ？　去年はあんなになっとったのに、今年はどうしてならんのじゃろ」と思いながらも、「たまたまかな」とひとまず疑問を放置して、日々の指導に走りまわる道法さん。しかし次の年も、次の年も、「せん定講習で使った樹は、翌年になると実が激減する」という現象が続いた。

2年に一度しか実がならないことを「隔年結果《かくねんけっか》」という。

「私が切った樹だけ隔年結果になる。理由はわからんまま。だから毎年、せん定講習をする畑をさりげなく変えたよ。こっちもボロが出んようにと必死じゃ」

なんでじゃろ……と首をひねりながらも、表向きは堂々とせん定講習を続けていた道法さんだったが、あるとき決定的なことが起きた。１００本くらいのミカン園から「せん定を指南してほしい」と個人レッスンを頼まれた。道法さんは出かけていって、せん定のコツを伝えながら3本の樹の枝を切ってあげたという。

「せん定のやり方、わかりました？　こんな感じで、あとは自分でやってみてください」

と言って帰ったのだが、残りのミカンはいつまでたってもせん定した気配がない。ずぼらなミカン農家に道法さんは怒った。

「なんじゃ。せっかくやり方を教えてあげたのに、なんで残りの樹をせん定せんのじゃ。もう二度と教えてやらんぞ！」

ところが秋に、驚くべき事態が待っていた。道法さんがせん定した3本には見栄えの悪い、糖度も低い、二級品のミカンがなって、残りのほったらかしの97本に最高級のミカンがなったのだ。せん定の意味ないじゃん！　っていうか、むしろマイナスじゃん！

幸いその農家は養豚業をしていて、ミカンだけで生計を立てているわけではなかったので、道法さんの失敗は追及されずに済んだ。でもこの経験で、道法さんはこれまでずっと避けてきた疑問と向き合わざるを得なくなった。

「自分のせん定のやり方は、つまりＪＡ広島果実連が推奨しているせん定のやり方は、まちがっているのではないか？」

道法さんは自分がせん定したミカンが隔年結果を起こすたびに「まだ切り足りないのか？もっと枝を落とせば隔年結果にならずに済むのか？」と考えて、ハサミを持つ手に一層力を込めていた。でも目の前には97本のなにも手を加えなかった樹にミカンがおいしく実り、枝を落とした3本の実がダメダメだったという厳然たる事実がある。そこで初めて疑った。

「もしかして、切りすぎている……？」

切りすぎるせん定を「強《きょう》せん定」という。おずおずと自分の考えを打ち明けた道法さんに、先輩たちは言った。

「たしかに、度が過ぎる強せん定はよくないとも言うな。でも講習会じゃから、ちょっと大げさにやってみせるくらいでちょうどいいんだ。目的は樹形をはっきり見せることだから、この際、品質は二の次でいい」

ん？　なんだって？

わたしは混乱した。わざと大げさに切っているのだから、その樹にはいいミカンがならなくても仕方ない？　隔年結果になるダメな方法を教えて、意味ある？

道法さんは笑っている。

「冷静に考えたら意味ないじゃろ？　でも先輩にまちがってないって言われたら、こっちはそれ以上なにも言えんよなぁ」

5

ひとを見ないで、ミカンを見る

このせん定は、まちがっているのではないか？

果樹試験場で習得し、現場で先輩たちに叩き込まれ、長年疑うことなく続けてきたやり方に初めて「あれ？」とクエスチョンマークがついた。ひとつ「あれ？」が見つかると、ふたつ目、みっつ目はすぐに出てきた、と道法さんは言う。恋人の浮気だってそうだ。信じ切っているときはなにも見えない。でもひとたび「あれ？」ってなると、怪しいところがどんどん見えてくる。

「ふたつ目は、草じゃった」

そのころ、農協では春になるとミカン畑に除草剤をまくことを奨励していた。道法さんは集落の有線放送を使って「みなさん、そろそろ除草剤をまきましょう」と呼びかけ、担当地区３００戸の除草率を計算し、張り切って上司に報告していたという。

「忠誠心の厚いサラリーマンだった」

と遠い目をする道法さん。もちろん除草剤を農家に勧めるのは、農協の売り上げアップのためではない。ミカン畑が雑草に覆われていると土の温度が上がらず、それだけ開花が遅れると考えられていたのだ。

「あのころは、花が早く咲いたほうがおいしいミカンができるという神話があって、みんな1日でも早く開花させようと必死じゃった」

早く花が咲けば、早く実がなる。ミカンが実ってから収穫までの時間が長ければ、それだけ樹の上で熟すことになり、甘くておいしいミカンになるという理屈だ。だから、なるべく開花を早めるために、雑草を取り除くべし。そう説明して、道法さんはせっせと除草剤を普及したのだった。

同時に道法さんは、木江町農協指導課として職場の近くのミカン畑で試験をした。畑の半分は除草剤あり、半分は除草剤なし。「ほうら、除草剤をまいた畑のほうが、早く花が咲くでしょう」と目で見てわかるように示す作戦だ。4月が過ぎ、5月になり、ついに開花の時期。道法さんは叫んだ。

「あれぇ!?　草があってもなくても開花時期、変わらんじゃん！」

あれほど意気込んで「雑草を取り除け。草があったら開花が遅れる」って教えてまわっていたのに、草の有無と開花の時期には関係がなかった。なんとなんと。除草剤をまく意味なんてないのであった。

　このはなしのすごいところは、道法さんが試験をしたことだ。それによって除草剤をまいたあとも経過観察を続けることができた。ほかの指導員たちは除草が完了したら一丁あがり。本当に効果があるのかどうか確かめてみる者はそれまでひとりもいなかったのだ。きっとわたしが指導員でも「長年そうしてきたし、みんなもそうしているし」なーんて言いながらお茶を淹れて煎餅をかじっていただろう。「ずっと」とか「みんな」とか、そういうワードに安住していたら、永遠に改善しない。道法さんはひとを見ないでちゃんとミカンを見ていた。えらい。

いま考えると、と道法さんは言う。「開花が早ければおいしいミカンになる」という言い方自体が、ある意味では正しいがある意味では正しくない。たとえ1週間早く開花させ、1週間早く実がなったとしても、そのあと1週間雨が降り続いて光が差さなければプラスマイナスゼロである。自然のなかで、いろんな条件が重なってミカンができる。工業製品のように、原因と結果が単純に結びつくものではないのだ。

道法さんは、青空に映えるミカンの白い花びらを見上げながら思った。
「もしかしたら、私たちの指導はまちがってるのかもしれんなぁ」

6

大切なのは石ころじゃった

ミカンの価格は糖度で決まる。

受験生に偏差値があるように、野球選手に打率があるように、収穫したミカンは農協の選果場に持ち込まれ、サイズでわけられ、糖度で格づけされる。昔はサンプルのミカンを選んでいちいち果汁を搾って測定していたが、現在は光を当ててその屈折率を測ることで、ミカンを壊すことなく瞬時に糖度を知ることができる。

「糖度が12を超えたミカンには、通常の5倍の値がついとった」

と道法さん。ミカンの糖度はもともと10から11。くだもののなかでも甘みが薄いほうで、だからこそ「高糖度ミカンがうまくつくれれば、ほかのくだものはなんでもできる」と言われるらしい。

たしかに野生のミカンは酸っぱい。ふだん食べているミカンは農家のひとが手間ひまかけて甘くしたものなのか、とうなずくわたしに道法さんは笑って言った。

「そのなぁ『手間ひまかければいいもんができる』いう考えもほんとは違うんじゃけどな。手抜きして儲けるのがいちばんええんじゃ。ま、そのはなしもあとでじっくりしたるけえ」

手間ひま信仰の否定！　とても気になるテーマだが、まずは糖度のはなしだ。とにかくミカン農家が安定経営していくには、糖度の高いミカンを毎年コンスタントにつくること、それに尽きる。

天候に左右されず確実に糖度12以上のミカンをつくる技術をどうしても手に入れたい。それが道法さんたちの悲願だった。そこで大崎上島地域農業振興協議会のお金を使って、徹底調査することになった。

「たしか３００万から５００万くらいの金を投じたはずじゃ」

かなり大掛かりな、勝負をかけた予算組みである。コンピュータもない時代、調査はひたすら人海戦術。道法さんたち技術指導員３人と普及員３人、合計６人でこのプロジェクトにのめり込んだ。

当時、大島上島のミカン選果場には、島内５つの農協からミカンが集まってきていた。道法さんたちは5農協の10年分のデータをひっくり返し、10年続けて糖度12を超すミカンをつくっている畑をリストアップした。

「どうせ南向きの斜面にある畑ばっかりじゃろ、と思うたんじゃけど」

ミカンの糖度は日当たりと水はけが決め手だと信じられていた。全国の指導者が使う教科書にもそう書かれている。だから当然、甘いミカンに適しているのは南から南西側の段々畑という予想が立つのだった。ところが、蓋を開けてびっくり。

「えー！」

道法さんたちは目を剝いた。リストのなかには南向きの段々畑もあるにはあった。でもそれは全体の４割くらい。甘いミカンは東向きや西向きでもできていたし、あろうことか北向きの平坦地でも実っていた。

この結果を聞いた農協のみんなも「ほんまかいな」と色めき立った。ミカン栽培には南から南西向きの傾斜地が適しているというのが長年の常識だったのに、それがガラガラと崩れていく。なんで北向きの畑でも甘いミカンができるんだろう？　もしかしたらとんでもない新発見が待っているかもしれない！

「こんな大金をかけて調査して、わかりませんでしたじゃ済まされんぞ。ミカンが甘くなる理由を見つけにゃ！」

答えはすべて現場にある。問題が起きたら現場に行け。プロジェクトチームの面々は糖度12以上をキープしている畑に通い、血眼になって原因を探した。

「なにか共通している条件はないか？」

来る日も来る日も糖度の秘密を探り、ついに見つけた！　糖度の高いミカンがとれる畑に共通していたのは、土に石ころがたくさん混ざっていることだった。そんな共通項は誰も予想していなかったので、農協内には、

「は？　石ころ？」

と苦笑する空気が漂った。でもひとりだけ、

「お、石ころ！　なるほど！」

この発見に身を乗り出したひとがいた。指導課長の小障子《こしょうじ》研司《けんし》さんだ。なんでも小障子課長は趣味で万年青《おもと》を栽培しているのだという。曰く「植木鉢の70％以上を石ころにしないといい万年青ができない」。それを聞いて道法さんは確信した。鍵を握っているのは石ころだ！

「でも石ころがあるとなんで甘くなるのかは、正直よくわからんかった」

石ころがあると排水がよくなるのか、あるいは地表の温度が上がる可能性があるのか、とな

んとなく考えていたという。なにしろ「大事なのは日当たりと水はけ」と叩き込まれていたから、自然とそういう発想になる。植物の根元に石ころがあると、なにが起きるのか、その驚くべき仕組みが道法さんの目にはっきりと見えてくるのはまだ先のはなし。

それよりも、この石ころの発見が思わぬ事態を招く。石ころの効果を確認しようと考えた道法さんは、ミカン畑にせっせと石ころをまき始めた。１立方メートルあたり３５００円する砂利を、２立方メートル分ドカンと投入。ところが、先輩指導員が噛みついてきた。

「お前アホか。一生懸命、畑の石を取り除きましょうって指導している横で正反対のことやりおって」

「そんなこと言ったって、大金をかけて調査して、どうやら糖度と石ころに関係があるらしいという結果が出たんだ。本当かどうか確認してみるのは当然じゃろう」

「新米なのに生意気言うな」

出ました、世界中の組織で百万年前からこすられているセリフ。若いもんは黙ってろ。そのうち本会の上司まで顔を見るたびに、

「道法くん、いつやめるんじゃ？」

と嫌味ったらしく聞いてくるようになった。最初のうちは相談に乗ってくれていた労働組合の委員長も3回目のはなし合いのときに言った。

「君も先輩を愚弄したことは認めろ。労組では守らんぞ」

げ、どっちを向いているんだ、委員長！　事態は収集がつかなくなり、なんと道法さんは左遷されてしまった。脱力するわたしに、道法さんはなぜかうれしそうに言う。

「これが世に言う、道法正徳第1回左遷事件じゃ」

ふはは、歴史番組のナレーションみたい。

ちょっといっぷく1

改めてミカンについて考える

お茶うけにひとつ、お弁当に添えてひとつ、酔い覚ましにひとつ……いままで一体いくつのミカンを食べたことだろう。それなのに、ミカンについてほとんどなにも知らない。あまりにも身近すぎて、ほったらかし。思えば人生、そんなことばっかりだ。道法さんのはなしを聞いているうちに、改めてミカンの来歴や性格が気になってきた。調べてみると、ミカンはいろんな物語を背負って生きてきたくだものなのであった。

柑橘類の起源は約３０００万年前。インド北東部からミャンマーのあたりが原産地とされ、そこから世界各地に広がった。現在、世界でもっとも多くつくられているくだものだ。
わたしがパクパク食べまくってきた温州《うんしゅう》ミカンは、約500年前に誕生した。中国から現在の鹿児島県に入ってきたミカンの一種が変異して生まれた品種らしい。中国っぽく浙江省の街の名前をとって「温州」と名づけられているけど、じつは日本産なのだ。でも江戸時代までは九州の一部でだけつくられていて、あまり広まらなかった。当時、人気がなかった理由を聞いてのけぞった。温州ミカンは種がほとんどないことから、「種なし＝子宝に恵まれない＝縁起悪い」って思われていたからだと。ぎゃあ。

そういうわけで、江戸時代にいちばんメジャーだったのは紀州ミカン。これは中国から入ってきた小ぶりの種ありミカンで、現在の和歌山県有田が産地として名高い。江戸の豪商・紀伊国《きのくに》屋《や》文《ぶん》左《ざ》衛門《えもん》が紀伊から船を仕立てて紀州ミカンを運ばせて大儲

みかんを運んだ船

けした、なんて伝説もある。落語の「千両蜜柑」で千両の値がついたのも、おそらく紀州ミカンだろう。

ミカンが登場する物語といえば、芥川龍之介の名短編「蜜柑」も外せない。

主人公が横須賀線に乗っていたら、田舎風のどんくさい小娘が前の席に来てイライラさせられるおはなしだ。この娘、身なりは汚いし、3等切符のくせに図々しく2等車に乗っているし、マナーはなってないし、いちいちうんざりだ。しかしラストに気持ちが明るくなる大逆転が待っている。汽車の窓を開けた娘が、踏切で手を振る少年たちに向かって蜜柑を投げ落とす。放物線を描いて飛んでいくあざやかな蜜柑の色。それを見て主人公は事情を察するのだった。この娘は家を出てこれから奉公先に向かうのだろう、見送りに来てくれた弟たちにありがとうと伝えるために蜜柑を投げたのだろう、と。その瞬間、ずっとイラついていた主人公の心に温もりが宿る……。

この作品は大正8年に発表された。娘が投げたのは、なにミカンだろう?

明治時代になるとトホホな封建主義は（一応）葬られて、温州ミカンの「種なし」問題は気にされなくなった。むしろ種がないほうが食べやすいし、実も大きいし、なにより甘くてジューシーだし、いいね温州ミカンということがやっと世間に浸透していく。各地に温州ミカンの樹が植えられた。年間を通して温暖で風通しと水はけがよい場所が栽培に適しているとされ、ミカン畑に選ばれたのは太平洋や瀬戸内海沿岸の南面の傾斜地。だから芥川の『蜜柑』の舞台になった神奈川県横須賀あたりでも、大正時代には温州ミカンが栽培されていたんじゃないかと思う。

明治時代以降、外国からオレンジ、レモン、ポンカンなどが導入されて、ミカン業界はさらに活気づいた。温州ミカンとオレンジを掛け合わせて生まれたのが「清見《きよみ》」。じつに30年もの歳月をかけて世に出された名品種だ。この清見さん、本人もおいしいうえに育成種としても優秀で、「不知火《シラヌヒ》」「デコポン」「せとか」「はるみ」など、清見さんの血統から生まれた子や孫にもスターが続出している。まさにミカン界のサンデーサイレンス！

　とはいえやっぱり安定の人気を誇るのが温州ミカンで、

「昭和30年代、40年代は、つくればつくるだけ売れた。ミカン農家はウハウハじゃった」

　と道法さんは回想する。戦後、温州ミカンの収穫量は急激に伸びて、１９７５年には３６６万トンを上まわった。でも、それがピークだった。あとはひゅるひゅるひゅる〜と下降線。輸入くだものが増えたことが要因のひとつとされている。91年にアメリカ合衆国の圧力でオレンジの輸入が自由化されたことも影響しているだろう。それにミカン畑は傾斜地に多く、農作業は過酷だ。生産者の高齢化と後継者不足がドーンと立ちはだかってきた。現在、温州ミカンの生産量は75万トンを切るところまで落ち込んでいる。45年で約５分の１に激減したわけだ。

　野菜や穀物は種をまいて１年以内に収穫できるけど、果樹は苗木を植えてから実がなる樹に育つまで４〜６年かかる。たとえ新規就農を志す若者がいても、果樹に参入するのは覚悟がいるだろうと思う。

じゃあもう、ミカンの未来は暗い、のだろうか。

「大変なのに儲からないから誰もやらんのじゃ。ラクして儲かる仕事じゃったらみんなやるじゃろ？」

「そりゃまあ、そうですけど……」

「そういうミカンづくりをやればいいんじゃ」

道法さんは、笑っている。

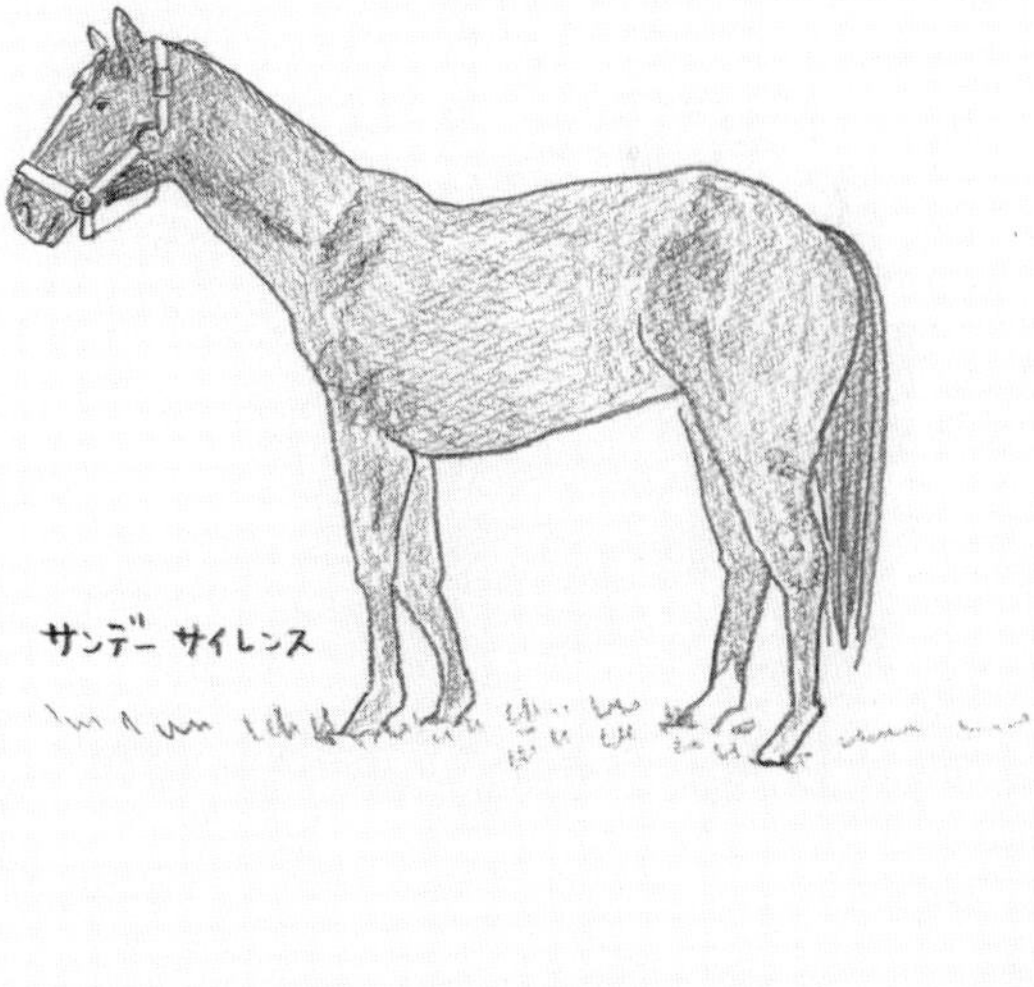

7

かっこいい先輩、現る

道法さんの新たな赴任先は、能美島《のうみしま》。本州の呉《くれ》市から橋を渡ると倉橋島《くらはしじま》があり、そこからさらに奥につながる島である。

「能美島農協は花の栽培に力を入れとった。ミカン農家もおったけど、熱心なひとは少なかったな。だからミカンの指導員が能美島に異動になるってことは、はっきりと左遷の意味をもつわけじゃ。ハハハ」

しかしこの能美島で、道法さんの人生を変える発見が待っていた。いま、道法さんがミカンのみならずあらゆる植物に対して確信をもって接することができるのは、ここでの体験がベースになっている。

道法さんが能美島に移って2年後、同じ農協に先輩の池田さん（仮名）が赴任してきた。この池田さん、ハウスミカンの栽培に関して最先端の技術をもっており、全国的に名の知られた技術指導員だった。上から言われたやり方をそのまま普及するだけではなく、独自に技術を突き詰める一匹狼タイプ。かっこいい。道法さんは10ほど歳上の池田さんにすっかり心酔した。とりわけ惹きつけられたのは、そのせん定方法だ。

そのころの道法さんは、例の「自分がせん定した樹がダメダメで、なにもしないほうがまだマシだった事件」を受けて、せん定に関して大いに迷っていた。どうやら枝の切りすぎがいけないらしいことは察しがつくのだが、さてどうせん定したものか……。池田さんが編み出したせん定方法を見て、悩める道法さんに光が差した。それは「3年かけて立ち枝を切る」という画期的なスタイルだった。最初の年は立ち枝に傷をつけるだけ。2年目はさらに深く傷をつけ、3年目に枝を落とす。つまり、立ち枝を切るには切るのだが、3年かけて切ることで強せん定にはならないわけだ。そうすれば隔年結果にならずに済む。なーるほど！（その後道法さんは、立ち枝を切らずに残すというさらに画期的というか、もはや革命的といってもいいせん定方法を確立するのだが、そのおはなしはのちほど）

池田さんは光合成など植物の仕組みにも詳しく、定期的に勉強会を開いていろんなことを教えてくれた。

「すごいひとじゃと思った」

と道法さんは何度も言った。

強せん定に明らかな疑問をもちながらも、どこかで思考停止している自分がいた。先輩に「これでいいんじゃ」と言われてしまえば、それ以上なにもできないのが組織の空気だ。だけど池田さんは、疑問にぶつかったらちゃんと勉強して、ちゃんと考えて、独自にやり方を工夫していた。組織のなかにいても、ちゃんと真実を探ることはできるんだ。道法さんはそこに感銘を受けたのだという。

池田さんの生き方に刺激されて、道法さんも自由な発想でミカン栽培を考えるようになっていく。そんななかで出てきたのが「黒ポリマルチ作戦」だ。

ミカンの樹は一般的に、苗木を植えて5年目くらいから実をつけるようになる。農家にしてみれば、なるべく早く、そして丈夫に、実のなる一人前のミカンの樹に育ってほしい。除草剤を使わずに済めば、さらにうれしい。そこで道法さんがいいことを思いついた！

野菜畑の畝を黒いポリエチレン製のシートで覆うことがある。あのシートを黒ポリマルチと呼ぶ。保温効果があり、雑草が生えにくい。道法さんは、ミカンの苗木を植える際にも黒ポリマルチを使ってみてはどうかと考えたのである。

「いままで誰もやってないことだけど、だからこそやる価値がある」

道法さんはさっそく黒ポリを注文し、担当地区のミカン農家に配布した。ところが、この作戦を聞きつけた池田さんが「ダメだダメだ」と割って入ってきた。

「黒ポリなんかで地面を覆ったら、毛管現象で土のなかの水が上がってきて根っこが腐る」

と言うのである。前例がないわけだから、まずはやってみないとわからないでしょう、と食い下がる道法さん。池田さんも知識と経験では負けないぞと思っているから、

「余計なことをして、あんたが担当する農家の苗木が台無しになったらどうするつもりだ。第一、道法くん、君は毛管水《もうかんすい》についてどれくらい知っているんだね？」

なんて専門用語を駆使して攻めてくる。毛管水なんて知らねーよ、と思いながら道法さんは意地を張った。

「わかりました。失敗したら腹を切ります」

わははは、武士か。

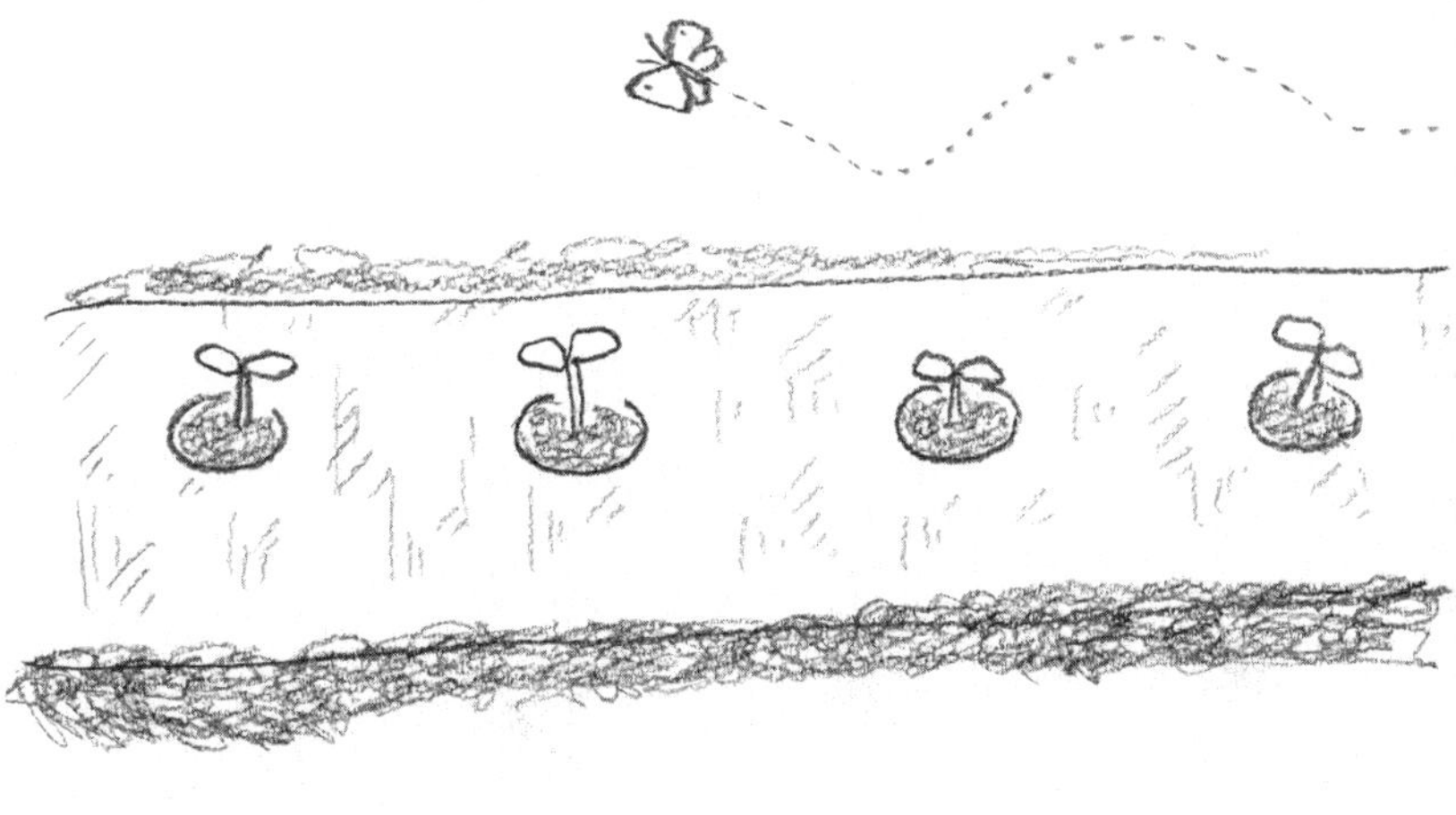

切腹覚悟の黒ポリマルチ大作戦に、池田さんはもちろん、まわりの視線も冷ややかだった。先輩に楯突いてまで新しいチャレンジをするなんて身の程知らずなやつじゃのう、余計なことせんでええんじゃ、と言いたげな視線を投げかけてくる。

でも日が経つうちに明らかな差が出てきた。道法さんの担当地区の苗木がやたらと元気なのである。1年経つと、道法さんが指導した畑でもっとも伸びてない苗木と、池田さんの担当地区でもっとも伸びた苗木を比べても、断然「道法さんの勝ち」という結果が出た。

「道法くんのアイデアはすごいのう」

と農家も大喜び。能美島農協では、翌年からすべての地区で苗木には黒ポリマルチをかけることになった。池田さんの面目丸つぶれだけど、仕方がない。これが自然相手の仕事のおもしろさであり、怖さだ。どっちが正しいのか、答えはいつもミカンが出す。

黒ポリマルチはなぜ有効だったのか。道法さんがときどき黒いシートをめくってみると、いつも土が湿っていて温度が高かったという。これもまた重要な発見だった。それまでお題目のように「ミカン栽培で大事なのは日当たりと水はけ」と言われてきたけれど、「大事なのは水と温度」であると確信した。これまで道法さんの前に散発的に立ち上がってきた疑問点が、いよいよ集約されるときが近づいていた。

8

「禁断の縛り」との出会い

ある日、池田さんが苗木の育て方に関しておもしろいことを言い出した。

「新芽を5本選んで、ふわっと縛ってみよう」

前述の通り、苗木を一刻も早く一人前のミカンの樹に育てたいのはミカン農家共通の願いだ。そのためにどうしたら芽を早く伸ばすことができるかをみんなが工夫していた。もっとも一般的なのは、支柱3本を斜めに立てて芽が出たらそこに結束する方法（これを誘引という）。それに対して池田さんの新しいアイディアは、支柱を1本垂直に立ててそこに伸びてきた芽を紐で縛りつけ、新芽の先端を上に向けるというものだった。

「ただし、ふわっと縛るんじゃ。きつく縛ると日当たりも風通しも悪くなるけえ」

「なるほど、芽を上に向けたら元気になりそうですね。やってみましょう」

道法さんはすぐに賛成した。ミカン農家のためになりそうなことは、どんなことでも試してみたい。自分の担当地区に池田流の「新芽ふわっと縛り」をガンガン推奨した。

さてここで、ちょっと変わったおじさんが登場する。彼こそがある意味で本書のもっとも重要なバイプレイヤー、その名を吉田《よしだ》正之《まさゆき》さんという。とにかくのんきでマイペース。道法さんの担当区域でミカンをつくっていたが、広島市内でアパート経営などの事業をしていたため「ま、ミカンはそんなに一生懸命やらんでもええんじゃ」というタイプの農家だった。この吉田さんが、なにを思ったか苗木の新芽をギューギューに縛り上げた。

「あぁ、ダメじゃ吉田さん、それはきつく縛りすぎですよ」

と道法さんは慌てて注意した。

「そんなにギューギューに縛ったら、葉っぱと葉っぱが重なって日が当たらんですよ。光合成ができんし、風通しが悪くなってハダニが発生しますしね。あくまでふわっと縛るんがコツなんです」

と丁寧に説明するのを聞いてるんだかどうだか、吉田さんは「あ、そう」と口では言いながら、縛りを緩めようとしないのだった。それだけではない。肥料を施す時期が来ても、「黒ポリマルチをいちいちはがして肥料をまくの、めんどくさいわ」と言って肥料をやらないのである。まさかの黒ポリマルチ作戦が裏目に出る展開。道法さんは何度も注意したり指導を試みたりするのだが、吉田さんは一向に言うことを聞かない。ダメだこりゃ。

　とんでもないことが起きたのは、ギューギュー縛りから3週間ほど経ったころだった。吉田さんの苗木の新芽がものすごい勢いで伸び始めた。まじめに肥料を施したほかの農家の苗木をはるかに凌いで、グングングン！

「結局、吉田さんちの苗木は伸び続けて、2年間で3メートルを超したんじゃ。肥料もやらずにそんなに伸びるなんて、ありゃあ世界で初めての事例じゃな」

　と道法さんは興奮気味に語る。それは、いままで見たことがない植物の力だった。その力を呼び覚ましたのは、ギューギュー縛ったこと。それしか考えられなかった。

　ちなみにこのときの吉田さんの苗木は、能美島農協苗木品評会で堂々の1位に輝き、さらに「広

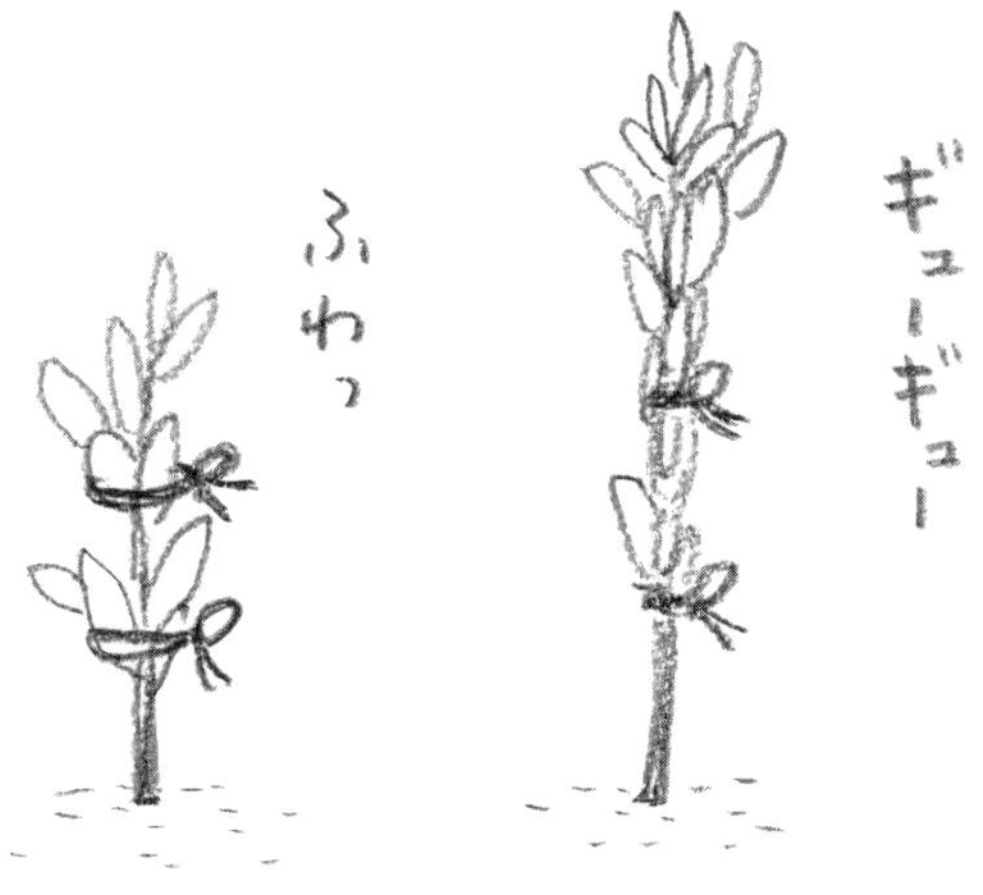

島果実連合会会長賞」を受賞したという。品評会に出す際には栽培履歴を添付する決まりがあるのだが、まさか農協相手に「無肥料」と書くわけにもいかず、「毎月15グラム施肥」と嘘を表記して提出したエピソードのおまけがついている。

「ふはは」

わたしが笑うと、道法さんはニヤニヤしながらダメ押しの1発を放った。

「さらに笑えるのはなぁ、会長賞の副賞は堆肥１００袋だったんじゃ」

9

その栽培方法はデマですよ

1989年、道法さんは瀬戸田町《せとだちょう》農協へ異動になった。尾道からしまなみ海道を渡っていくと、因島《いんのしま》の先に現れるのが生口島《いくちじま》と高根島《こうねしま》。その一帯が瀬戸田町で、全国的に知られた柑橘類の名産地だ。約700戸の農家がいて、技術指導員も3人配置されていた。

「苗木の指導がうまい技術員ということで、広島一のミカンの産地からお声がかかったんじゃ。左遷続きの私の人生で、これは唯一の栄転と言えるわな。ま、吉田さんのおかげじゃな」

「栄転って、やっぱりうれしいんですか」

「ふん、別に」

花形地区に行ったからとて、上から言われた指導を鵜呑み

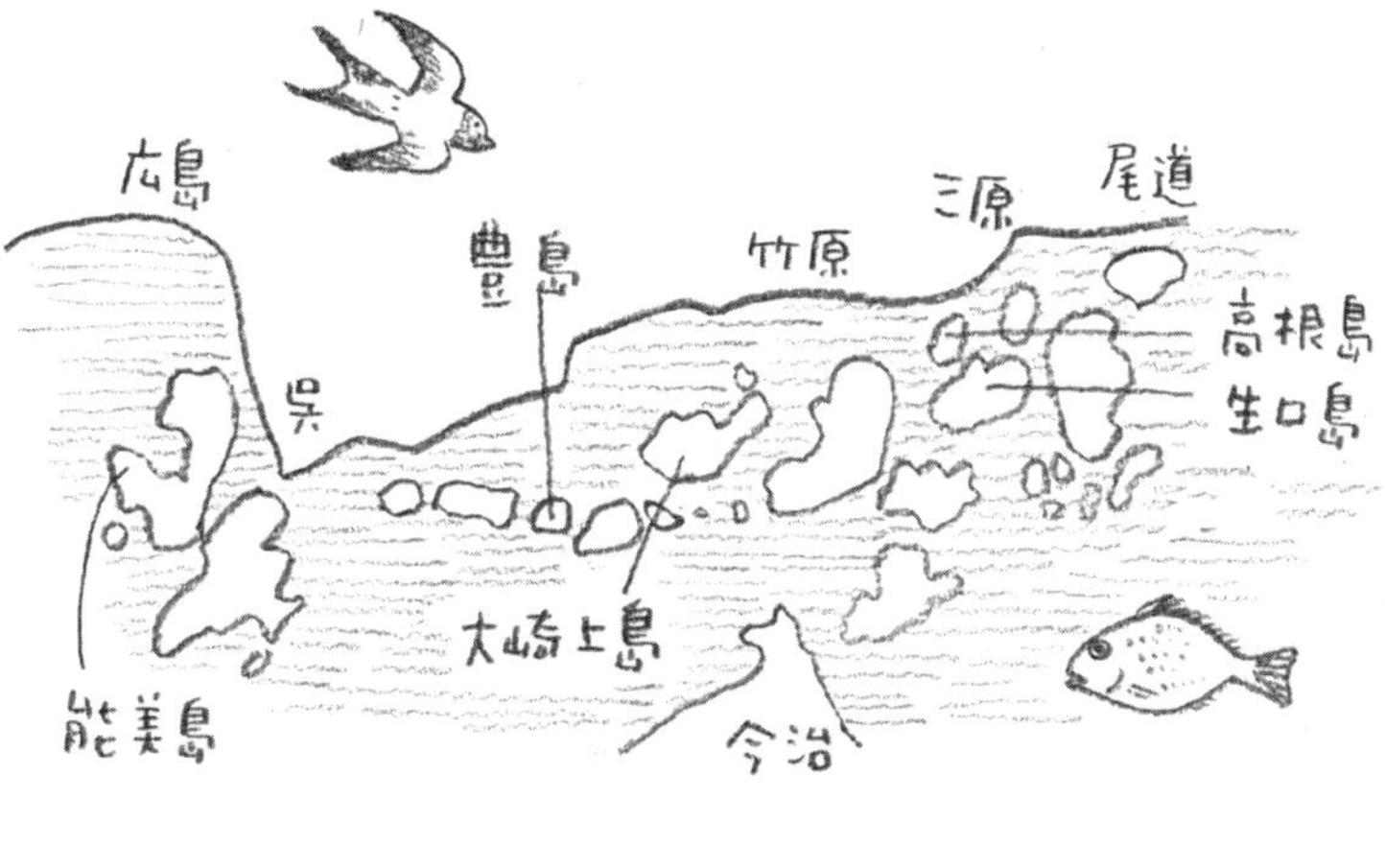

にする道法さんではない。これまでの疑問や発見の積み重ねで、道法さんの植物の声を聞く感度はどんどんよくなっていた。

瀬戸田でまず道法さんの目についたのがネーブルの芽かき問題だった。「芽かき」とは不要な芽を取り除くこと。ネーブルの場合、7月以降に出た「夏芽」はすべて芽かきをするべしと教えられていた。柑橘類のなかでも、ネーブルやレモンは夏芽が多く出る。だから「夏芽を残しておくと、そちらに養分をとられてしまい、実が大きくならない」という理屈だ。JA広島果実連の指導要綱にもそう明記されていた。

しかし、この夏芽の「全部芽かき」っていうのが、けっこう大変な作業なのだ。出てきた芽をひとつひとつ手でかき取る。すると1週間ほどで同じ場所にまた新しい芽が出てくる。それをまたかき取る。するとまた新しい芽が出る……。9月ごろまで延々と7、8回は芽を取り続けなければいけない。ネーブルの樹が何十本もある農家にとってはとんでもない重労働、高コストになる。「大変じゃけど、品質のよいネーブルをつくるためには仕方ない」と誰もが思っていた。

道法さんだけ、変なことを考えた。

「芽かきをせんかったら、ほんとに実は小さくなるんかな？」

　じつは道法さん、1年目は先輩の教えどおり出てくる夏芽を片っ端からかいていく「全部芽かき」を指導したが、ネーブルの実はそれほど大きくならなかった。むむ？　この作業って意味あるんかなと疑問が湧いた。それで2年目は瀬戸田管内のネーブル・はっさく・甘夏で実験をしてみることにした。

　道法さんが試したのは「1本だけ芽を残す」というやり方。最初の芽かきの際に、全部をかき取ってしまうのではなく、枝に芽を1本だけ残しておく。たとえ1本でも芽が残っていれば、もうその枝に新しい芽は出てこないんじゃないか、と考えたのだ。もし「1本残し」をすることで2回目以降の芽かきが一切不要になれば、農家

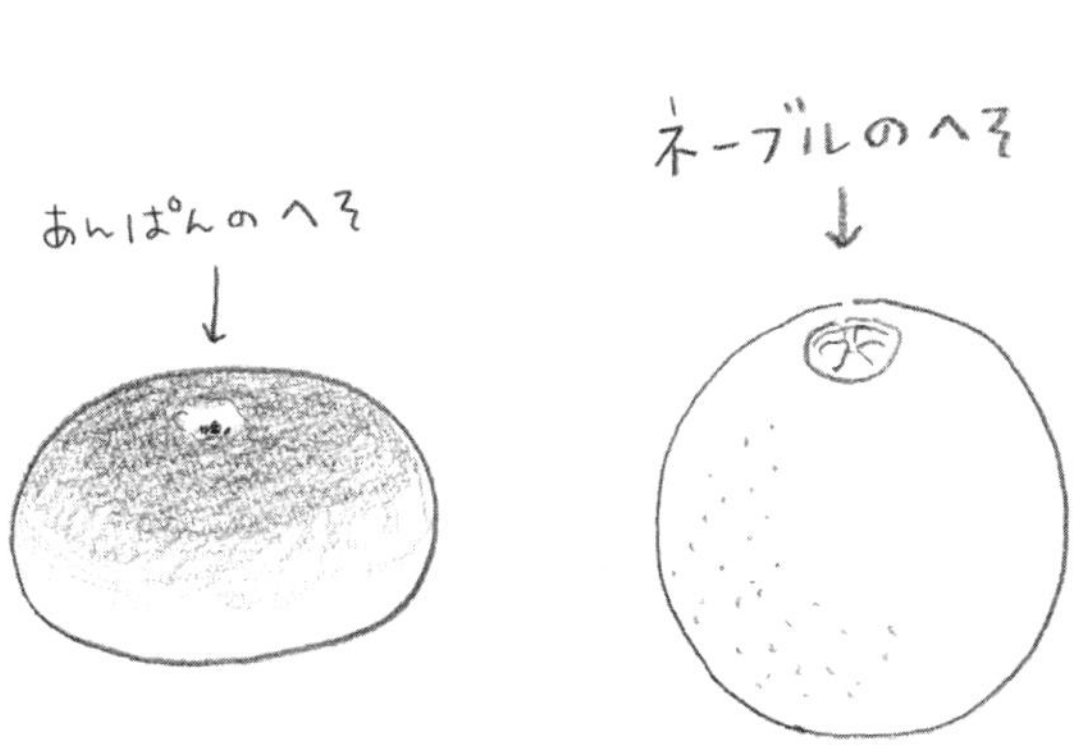

の手間は大幅に軽減する。道法さんの読みは見事に当たった。「1本残し」をした枝には、「全部芽かき」した枝に勝るとも劣らない、いやむしろ一層大きくて美しいネーブルが実ったのだ。

「よっしゃー！　このやり方を農家に伝えたら、手間は省けるし、大玉になるし、みんな喜ぶじゃろう」

そこでふと、道法さんの胸によぎるものがあった。例の、目には見えない組織の掟だ。無邪気に「1本残し」を推奨することは、これまで長年「全部芽かき」を指導してきた先輩たちを否定する行為と受け取られかねない。なにしろ教科書でも「全部芽かき」が推奨されているのだから、慎重にやらねば。そこで道法さんは、そもそも一体どういう経緯で「全部芽かき」が採用されたのかを探ってみることにした。

まずは、全部の芽をかいたら大玉になったという実験データがあるのかどうか、果樹試験場に問い合わせてみた。答えは「そんなデータはありません」。あれ？

試験場では、芽止め剤（MH－30という植物ホルモン）で処理したネーブルと、処理せずに芽を出し放題にしたネーブルの比較実験の記録ならもっているという。全国のデータ5年分、合計25例を比較した結果は、「芽を止めて大玉になった例は1例もない。ふつうに芽を出したネーブルのほうが、むしろ大玉になった」。あれあれ？

そもそも誰が最初に「全部芽かきが必要」などという情報を流したのか。そんなん、はっきり言ってデマじゃん。道法さんの心に火がついた。このまちがった指導法のルーツを独自に調査したのである。

「ほれ、これがそのとき、上司に提出したレポートじゃ」

と道法さんがカバンから書類を取り出して見せてくれた。丁寧な字でびっしり書き込んである。要約すると、こんなことが書いてある。

私が各所に調査したところ、瀬戸田町農協で最初に芽かきを提案したのはO地区のIさん（実際のレポートには本名が記されている。以下同）だと判明した。Iさんに問い合わせると、根拠はふたつあったと証言した。ひとつは以前、選果場に勤めていたTさんが「芽をかいたほうが、玉が大きくなりそうだ」と言ったこと。もうひとつは、試験場にいたS先生が「芽かきをすると糖度が上がるというデータがあった」と言っていたこと。そこで私は、試験場をすでに退職しているS先生に問い合わせてみた。「芽かきをすると糖度が高くなるというデータを、自分はもっていない。和歌山の試験場でそれらしきデータがあったように思うが、はっきり記憶していない」との回答だった。

わー、よく調べたなぁ、道法さん。そして「なんじゃそりゃ！」である。夏芽の芽かきという重労働は、「そのほうが大きくなりそう」なんていう単なる憶測やら、「はっきりしない記憶」やらに基づいてルール化されていたんである。それを誰も検証しなかった。いつのまにか明文化されて、そうしたらもう疑問をもつだけで「組織が乱れる」ことになっちゃうのだ。あーあ、きっと世のなかには、このようなトンチンカンなルールがたくさん存在するんだろうなぁ。

この道法レポートによって、芽かきをしないことの正当性は認められた。以後、ＪＡ広島果実連の指導要綱は改定されたのだった。「芽かきには労力が必要なので、人手が少ない農家では芽を1本だけ残す方法をとってもよい」と書き直されたという。

「なんだか、あいまいな表現ですねぇ」

「じゃろ」

道法さんはニヤリと笑った。本当は「芽を1本だけ残し、その後は芽かきを一切しない」と改定するべきだが、部長は言った。「芽かきの全否定は角が立つけえ、ことばを濁した言い方にさせてくれ。道法くん、君も大人になれ」。それで道法さんも、あいまいな表現を渋々受け入れたらしい。「君も大人になれ」なんてベタなセリフ、実際に言うひとがいるんだなぁ。

君も大人になれ…

10

あっと驚く植物ホルモン！

道法さんご夫妻と三女の正江《まさえ》さん、それに本書の版元社長および編集者とみんなで食事をしたとき、妻の知江さんは言った。

「お父さんにはミカンの声が聞こえるのよね」

それを聞いた道法さんは突如、甲高い声を発した。それも腹話術みたいに口を開けずに。

「ドウホウサン、アリガトウ」

「は？　なにそれ？」

と、呆れる妻と娘。道法さんはいつもの声に戻ってうれしそうに言う。

「ミカンの声じゃ」

ぎゃははは。笑い転げるわたしたち。しかし、知江さんはクールに言い放った。

「ドン引きなんだけど」

いいなぁ、このご夫婦。

「いままでのやり方」「みんなのやり方」にとらわれず、ミカンの声に耳を傾けた道法さん。いろんなことがわかってきた。「立ち枝を切りすぎると、糖度が落ちたり、隔年結果になったり、まったくいいことがない」とか「糖度の高いミカンができる畑には、石ころがたくさんある」とか「苗木をきつく縛ると、肥料がなくてもびっくりするほど伸びていく」とか「芽かきをしても大玉にはならない。むしろしないほうがいい」とか、そういう断片的な法則である。

道法さんは先入観をもたずにミカンと向き合って、実験を繰り返し、これらの答えを手に入れた。でも、それが一体どういう理屈で起こる現象なのかはさっぱりわからなかった。そんな道法さんにとって、忘れ得ぬ瞬間がやってくる。

あるとき道法さんは何気なく静柑連（静岡県柑橘農業協同組合連合会。現在のＪＡ静岡経済連）の月刊誌「柑橘」をパラパラめくっていた。菊池《きくち》卓郎《たくろう》さんという農学者が寄稿した記事に目を留めて、「あ！」と声が出た。そこには植物ホルモンの仕組みが書かれていた。菊池先生は弘前大学教授（当時）で専門はリンゴの研究なのでリンゴについて語っているのだが、それがことごとくミカンにも当てはまる。道法さんは興奮し、気づいたら叫んでいたらしい。

「なんて叫んだんですか」

わたしは「おぉ」とか「そうだったのかぁ」とか、そういう叫び声をイメージしたのだが、

「そりゃもう、『感動！　感動！』って大声で叫んだんじゃ」

道法さんの叫び方は、想像以上にド直球だった。

植物ホルモンとは植物自身が体内でつくる物質で、これによって生長が促されたり、花が咲いたり、実が膨らんだりする。山に肥料をあげるひとなんかいないけど、春になれば山桜のつぼみはちゃんと膨らむし、秋になればアケビの実は紫色に熟す。それは樹が自分で植物ホルモンを出してうまくコントロールしているからなのだ。

植物ホルモンは芽や根っこの先端部分でつくられ、茎や幹を通って体内を移動する。たとえば主に新芽の先端でつくられるのはオーキシン。それが下へと運ばれて、根を伸ばす。すると今度は根っこの先端でジベレリンがつくられて、それが植物の上のほうに運ばれ、枝を伸ばし葉を茂らせる。これぞ植物を元気に生長させる好循環。

枝の先端でつくられたオーキシンの下への移動を加勢するのが、地球の重力だ。枝が垂直に立っていれば、重力によって短時間でたくさんのオーキシンが下に降りて発根を促すことになる。だが枝が横を向いていたり、ましてや下向きだったりしたら、オーキシンの流れは悪くなる。根っこ部分に到達するオーキシンが少なければ根はなかなか伸びず、するとジベレリンの

主な植物ホルモンとその動き

出も悪くなって、木の生長は負のスパイラルにはまっていくのだった。

つまり立ち枝や芽を不用意に取り除くと、その樹は根が伸びず、元気がなくなり、不恰好で糖度の低い実をつけることになる。道法さんがせん定講習で立ち枝を切りすぎて隔年結果になり「やばいやばい」と焦っていたとき、ミカンの樹も「こんなに切られちゃオーキシンが足りなくなるよ。やばいやばい」と焦っていたのだ。

逆に、マイペースなミカン農家の吉田さんによってギューギューに縛られた枝は、地面に対してほぼ垂直になった。すると先端部でつくられたオーキシンが幹を伝わってどんどん下に移動し、根っこがグングン伸びる。根が伸びれば、今度は根の先端からジベレリンが出て、そのおかげで枝がグングン伸びる。肥料を施さなくても元気いっぱいで生長したのは、そういう仕組みだったのだ。

この「肥料なしでグングン」という部分に、もうひとつ大きな意味がある。チッ素肥料を与えると、アブラムシが発生しやすくなるし、葉っぱや実に茶色いプチプチが出るかいよう病にもなりやすい。だから時期が来たら農薬をまいてそれらを撃退しなければならない。長いあいだ、ミカン栽培にはチッ素肥料と農薬がセットで使用されてきたのである。もし肥料を使わずにミカンを実らせることができれば、すなわち農薬も不要になるってことだ！

「あぁ、だから道法さんは『とにかく縛れ。縛れば無肥料・無農薬でも育つ』って言ってたわけですか！」

と声をあげるわたしに、

「そういうことじゃ」

ニヤリと笑う道法さん。

あの、糖度12以上のミカンの栽培地には必ず石ころがあった件も植物ホルモンで説明できる。根っこが石にぶつかると、エチレンが多く出る。エチレンの仕事は病害虫を防ぐこと、それから実を成熟させること。そういえばバナナも、まだ緑色のうちに輸入して、エチレンガスを入れた室《むろ》で追熟させることで黄色く甘くなる。石ころが多い畑から甘いミカンができるのは、そういう仕組みだったのである。

エチレンは接触刺激で出るらしい。根っこが石にぶつかったときに限らず、葉っぱが強風に当たったり、ひとの足にぶつかったときにも出る。たとえば田んぼで、内側の稲が倒れてしまっても、いちばん外側のあぜ道に面している稲だけは元気に立っていることがある。これは、外側の稲には日ごろから風がもろに当たっているため、エチレンが出て丈夫だからだ。あるいはユリを栽培するビニールハウスでも、通路に面したユリがやたらと元気だという現象がある。通路をひとが歩くたびに、ユリの葉っぱに足が当たってエチレンが出るためだ。

「肥料はたくさんやらんと効かんけど、植物ホルモンはごく微量でもすごい効果があるんじゃ。チッ素が一馬力だとすると、ジベレリンは200馬力くらいのイメージじゃなぁ」

生き物が本来もっている力が、いちばん強い。どんなに科学が進歩しても、自然に備わっている力には遠く及ばない。そういうことを聞くと、なんだか気持ちがのびのびする。

11

いままでのせん定はまちがっていました

　月刊誌「柑橘」の記事で植物ホルモンの働きを知った道法さんは、ものすごい勢いで知識を積み上げていった。植物ホルモンについて書かれた文献を読み漁り、平日は担当地区のミカン農園を走りまわり、週末になると実家のある豊島でミカンと格闘する。オンもオフもなかった。当時まだ幼かった道法家の次女・美子《よしこ》さんによれば、

「一度、子どもたちを動物園に連れていってくれたことがあったんだけど、お父さんは動物そっちのけでずーっと園内の樹ばっかり見てるの。あの枝は切りすぎじゃとか、なんで同じ樹なのに葉の茂り方が違うんかなとか、そんなことばっかり言ってた」

　ふふ、変わり者の父ちゃん。

　じつは植物ホルモンに目覚める前から、道法さんは自分の畑のミカンを使ってせん定の実験を繰り返していた。長いあいだ「立ち枝は切れ、横枝は残せ」が常識だった。立ち枝が伸びる

とミカンの日当たりが悪くなるし、樹形はかっこ悪くなる。高いところに実ったミカンは収穫するにも手間がかかる。対して横枝には、直花《じかばな》と呼ばれる花が付きやすく、それが低い位置でいいミカンになると信じられていた。

だが、道法さんはその常識を打ち破る方法を探していた。前述したように、最初は立ち枝の切りすぎが隔年結果を生むという実体験から始まった模索だった。そしてたどり着いたのが「立ち枝を残し、横枝を切る」という、常識の正反対をいくせん定。自分の畑で繰り返しやってみて、それがミカンにとっていちばんいいせん定だとの結論を得ていた。植物ホルモンの働きを知り、経験は理論で補強され、揺るぎないものとなった。

立ち枝を残すと、樹全体が元気になる。つまり肥料を大量にやる必要がない。肥料が少なければ病害虫が減り、農薬も減る。手間もコストも割愛できる。そして肥料が少ないほど、ミカンの糖度は上がりやすい。

「一石五鳥じゃ」

道法さんの心は決まった。

１９９０年の早春。

瀬戸田町農協に異動してきて初めてのせん定講習の時期がやってきた。道法さんは集まった農家たちの顔をぐるりと見渡し、言った。

「いままでのせん定のやり方はまちがっていました」

農家のひとたちは、道法さんが発したことばにも衝撃を受けたが、そんなことを言い出すこと自体に仰天した。いままでのせん定を否定するということは、先輩を愚弄し、組織を攪乱することになりかねない。組織の一員として絶対に口にしてはいけないフレーズだった。

でもそのとき、道法さんの言動に悲壮さや深刻さはぜんぜんなかった。むしろニコニコしている。だって、

「答えはミカンが知っとる」

わけだし。

「農家がいいミカンをつくって、儲かることがいちばん大事」

なんだし。

12

ガリレオになった日

その年、道法さんがせん定した樹には最高級のミカンがなった。それも１本あたり１４０キログラムという大豊作（通常は1本から収穫できるのは60～70キログラム程度）。翌年は１２０キログラム、その翌年は１４０キログラム、道法さんのせん定した樹は優良であり続けた。隔年結果よ、さらば！　かつては、自分がせん定した樹にいいミカンがならないことをごまかすため、毎年のせん定講習会で使う樹をさりげなーく変えていた道法さんだったが、瀬戸田町農協時代は堂々と同じ畑の同じ樹を使い続けた。

「立ち枝を切らず、横枝を切る」という革命的なせん定方法は地域に浸透していき、「瀬戸田のミカンは見た目もきれいで、味も甘い」と評判になる。ついには東京の青果市場で、愛媛のミカンを抜いて最高値を記録した。やっほー。

道法さんは地域の農家に配られる「農協だより」にレポートを書くことになった。

「一応、気ぃつけて書いたんじゃ。いままでのせん定はまちがっていたなんて書いたら先輩に喧嘩売ってるみたいでいけんじゃろ。へへへ」

そこで道法さんは、「直花《じかばな》と有葉《ゆうよう》花《か》と、どっちを選びますか？」と読者に問いかける文面にした。

ミカンには、枝にぴったりと張りついて咲く直花と、葉っぱを伴って咲く有葉花がある。直花は横枝につきやすく、有葉花は立ち枝につきやすい。そして有葉花からは皮がゴツゴツしたミカンができるというのが定説だった。だから長いあいだ農協は、「とにかく立ち枝はダメ！　有葉花もダメ！　横枝に付く直花を育てなさい」と推奨してきたのだ。

しかし、道法さんが立ち枝を残すせん定をしてみてわかったことがある。バッサバッサと切られたあと、わずかに残った立ち枝に出現する有葉花は、たしかにゴツゴツした実になる。でも立ち枝をたっぷり残すと、そこに出てくる有葉花はとてもきれいなミカンになるのだった。

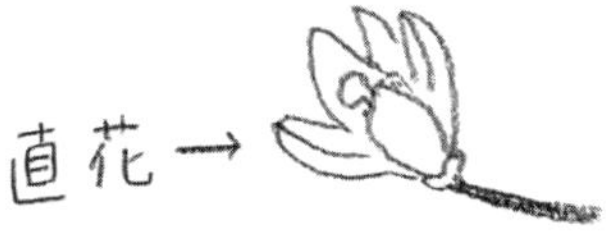

元気な立ち枝に出る有葉花は、パッと咲いてパッと散る。「それがいいんじゃ」と道法さんは言う。直花だと開いた花びらが２週間くらいグズグズと残っている。花があれば虫が蜜を吸いにくるが、虫の足がまだ小さいミカンの実を傷つけてしまう。雨が降ったら花びらにカビが生えて、そこから灰色かび病が発生する。だから直花からミカンを実らせるためには虫除けの薬と病気予防の薬と、ふたつの農薬を使う必要があった。一方、元気な有葉花なら花びらは３日で落ちるため農薬いらずできれいな実になるというわけだ。

直花と有葉花がそれぞれどのようなミカンに育っていくかを撮影した写真を並べ、「あなたはどっちを選びますか？」と問題提起する道法さんの記事は物議を醸した。「農協だより」を読んだＪＡ広島果実連のＯＢが、速攻で本会に投書してきたのだ。曰く「道法指導員は農協のやり方に背いている。本会はちゃんと管理しているのか」。はいはい、どこの世界にもいる物事の本質を見ず、自分の存在感アピールのためだけにモノを言う先輩。ちゃんと管理してるのかだって、いやだねぇ。

道法さんは本会の会長から呼び出しをくらい、「どういうつもりであんな記事を書いたんじゃ」と問い詰められた。

「それで道法さん、ガツンと言ってやったんですか」

ひと悶着を期待するわたしに、道法さんは笑って首を横に振る。

「すぐに頭下げたよ。『ありゃー、私よう勉強してなかったんで、わかってませんでした、すいませんでしたー』ってさ」

「えー！　道法さんが謝ることないのに」

「ここがめちゃくちゃおもしろいところなんじゃ。みんなは知らないけど真実はひとつじゃもん。ガリレオが『それでも地球は回ってる』って言ったみたいなはなしよ」

「ガリレオ……」

17世紀に地動説を唱えた天文学者ガリレオ・ガリレイは、宗教裁判にかけられた。有罪判決を受けて地動説を無理やり放棄させられたとき、「それでも地球は回っている」とつぶやいたと言われている。道法さんも「ありゃー、私がまちがってました」と躊躇なくバカなふりをしなが

ら、心のなかで「でも真実は絶対こっちじゃ」とつぶやいていたというわけだ。しかもこの一件を悔しがるんじゃなくて、痛快事だと捉えている道法さん。一枚も二枚も上手だ。

「自分のうしろには農家が喜ぶ顔がたくさんあるんじゃもん。最高じゃろ？」

13

そしてついに、本格的な左遷……

立ち枝を切らない。有葉花を大事にする。苗木はギューギューに縛る。これまで誰も思いつかなかった道法スタイルの指導で、瀬戸田町農協のミカンは収量も糖度もぐんと上がった。市場で日本一の高値までつけた。だが、道法さんを待ち受けていたのはまたもや左遷だった。

当初、左遷の理由は「まちがった技術を指導した」こととされた。それは技術指導員としてもっとも重い罪になる。だが上層部が農家や農協の現場を調査すると、「毎年いいミカンがなるようになったんだから、道法さんの指導はまちがっていない」との声が多数聞かれた。そこで、左遷の理由は変更された。「組織を乱した罪」だって。ふん、ヘソが茶を沸かす。口を尖らせて憤慨するわたしに、道法さんは淡々と言った。

「ま、自分のコントロール下に置けないやつは邪魔なんじゃろ。本当は違う意見を言ってくれるひとを大事にすべきじゃのに」

しかも異動を命じられた先は総務部広報課。つまり「現場に出るな。農家と接触するな」というメッセージが込められた本格的な左遷なのだった。

道法さんの味方になってくれるひとはいなかったのだろうか。たとえば若き日の道法さんを導いてくれた、先輩指導員の池田さん。あのひとは、誰もが「立ち枝はガンガン切り落とすのがよい」と考えていた時代に、立ち枝を3年かけて切る方法を編み出していた。マイペースの農家・吉田正之さんが苗木をギューギューに縛って大成功を収めた現場にも立ち会っている。自身も組織のなかの一匹狼的な存在だったわけだから、道法さんのやり方を応援してくれてもよさそうなものだが。

「池田さん、なぁ……」

道法さんが語ってくれた池田さんのその後のエピソードは、なんとも言えない苦味を帯びていた。

能美島農協時代、道法さんの先輩として輝きを放っていた池田さんはその後、技術指導員のまとめ役に出世した。すると必然的に現場に出る頻度は減っていく。「自分が畑をやっていたわけでもないし、農業の勘みたいなのがどんどん鈍っていったんじゃろなぁ」と道法さんは言う。

池田さんは、ごくたまに現場に姿を現すと、「あれもやれ、これもやれ」と細かいことをいろいろと言うようになった。肥料のやり方ひとつとっても、複数の肥料を混ぜて使えとか、分量を細かく計量しろとか、このタイミングを外すなとか、やたらと細かい。はっきり言って「池田さんの言う通りにやるのは、手間がかかりすぎる！」ってレベル。最初はまじめに池田さんの指導に耳を傾けていた農家も現場の指導員もだんだん顔が曇っていく。

「あのー、池田さん、おことばですけど、そこまでする必要あるんすかね？」

とか言えたらいいんだけど、ミカンづくりの達人として名高い池田さんに向かってそんなことを言えるひとは誰もいない。

で、どうなったか？

いつのころからか「池田さんの指導は、全部聞かなくてもいい」というルールができたのだった。池田さんが細かく指示を出すと、その場ではみんなふむふむと聞いているフリをする。でも池田さんが帰ったあと、その場に立ち会っていた指導員は農家たちに電話連絡網を回す。「今日の池田さんの指導ですけど、あそことあそこは省きましょう」。それでいて、数か月後に視察に訪れた池田さんが「おれの言ったこと全部やったか？」と確認すれば、みんな口を揃えて「はい、やりました！」と嘘をつく。池田さんの頭のなかには、「やはりこのやり方は正しかった」というまちがったデータが蓄積されていき、その指導はますますトンチンカンになっていく――。

「そうなるともう、裸の王様じゃ」

と道法さんはぽつりと言った。わたしは疑問をぶつけた。

「なんで誰も池田さんを否定できなかったんでしょう？」

「ハウスミカンの温度管理なんかは、池田さんがいちばんよう知ってた。だから農家も指導員も、ハウスミカンで困ったときは池田さんに相談したいわけじゃ。池田さんの機嫌を損ねて見捨てられたら困る、いう気持ちがみんなにあったんじゃな」

「ふーん。お医者さんに見放されたくないから、飲んでもいないない薬を飲みましたって嘘つく患者みたいですね」

「まさにそうじゃ」

池田さんは、ミカンの声を聞く力をどんどん失っていった。あんなに立ち枝のせん定に慎重だったのに、いつのころからかバッサバッサと切りまくるせん定を推奨するようになった。

なんと示唆に富んだエピソードだろう。池田さんほどのひとでも、まちがった方向へずんずんと進んでしまうことがあるのだ。きっかけは、ちっちゃなプライド。それを助長するのは「ちょっと待って」とブレーキをかけることができないまわりの人びと。うーむ、これが人類の歴史か。

道法さんは静かな口調で付け加えた。

「でもな、いまの自分があるんは池田さんのおかげじゃ思ってる」

若き日に真実を見る目を鍛えてもらった恩は忘れがたいと道法さんは繰り返し言った。池田さんは池田さんで、定年退職後の現在も「道法はすごいやつだぞ」と周囲に漏らしているという。

14

手抜きして、いいミカンをつくる

1993年に「本格的な左遷」にあったが、そのあとも道法さんはどっこいミカンをつくり続けていた。両親が亡くなり、実家のミカン畑を完全に引き継ぐことになったためだ。平日はJA広島果実連のオフィスでデスクワークをし、週末になるとフェリーを2回乗り継いで生まれ故郷の豊島に通う生活が続いた。

「週末しか農作業ができんという状況が『いかに手抜きしていいミカンをつくるか』を追求させたんじゃ」

道法さんはサラッと言うけど、これはすごいことだ。手間ひま信仰にどっぷり浸かっているひとだと、こうはいかない。「手間がかけられない」イコール「愛情がかけられない」と考え、それでは「いい作物ができない」と結論づけがちだ。手抜きをしたらいいミカンが育たないなんて、誰が決めた？　それこそ観念や常識に縛られている証拠じゃろ、と道法さんは笑う。

縛られるんじゃなくて、縛れ。

ミカンの声を聞け。

ミカンたちは人間の手間を欲しているわけじゃないし、肥料がうれしいわけでもない。もともと根っこや芽に備わっているパワーを存分に発揮したくてうずうずしているのだ、きっと。

道法さんは、ここぞとばかりに常識やぶりの農法を試しまくった。ミカン畑に自動農薬散布機（スピードスプレーヤ）が通れる道をつくったり、チェーンソーを使ったせん定をしたり、文明の利器もじゃんじゃん導入。イネ科のナギナタガヤで地表を覆って、除草剤をまかずに済む方法を全国に発信した時期もあった。レモンは、枝を縛るだけで苗木の生長スピードが3倍になった。結局は肥料や農薬をほとんど使わないから、経費が10アールあたり8万円も浮いた。

ラクしているのに、前より儲かる。身をもってそれを体現し、農業がますますおもしろくなっていった。

そんな暮らしが4年ほど続いたある日、道法さんは雑誌の記事で「永田農法」を知る。「水や肥料を極力少なくして糖度を上げる」とか「原産地の風土に近い条件で育てる」といった考え方に魅力を感じた。

「これをやってるひとに絶対に会わなきゃいけん、と思ったんじゃ」

思い立ったら猪突猛進。道法さんはさっそく永田農法の会社「りょくけん」に連絡してみた。電話に出たのは社長（当時）の永田次郎《ながたじろう》さん。永田農法の創始者・永田照喜治《てるきち》さんの息子さんだった。

「広島県で永田農法をやっている農家はいませんか？」

「いません」

「愛媛県では？」

「いません」

りょくけんは静岡県浜松市に本社があり、九州に果樹栽培の拠点を置いていた。はなしているうちに永田社長も道法さんに興味を抱いたようで、愛媛に用があるついでに道法さんの畑まで来てくれることになった。

道法さんは自分の畑を案内しながら、これまでに見つけたこと、気づいたこと、独自に工夫してきたことを大いに語った。ちょうど9月の末だったので、樹に実っていたミカンをもいで渡した。数日後に永田社長から電話がかかってきた。

「じつは、道法さんの説明はよく理解できませんでした……」

ガクッ。

「が、いただいたミカンを分析したら9月末なのに糖度が12・8もあった！　道法さんのやり方がすごいことはわかりました」

えへん。つねに答えを出すのはミカンなのだ。その年、1997年は雨が続いて全国的に甘いミカンがなかなかできず、売り値も安かった。それなのに道法さんのミカンは12・8。これは、りょくけんが契約しているミカン農家で収穫されたなかでもっとも高い糖度のさらに上をいく数字だった。

永田社長は道法さんに打診してきた。「手の空いた週末だけでいいので、うちと契約している柑橘類の農家さんへの指導をお願いできないだろうか」。ちょうど家のローン返済や子どもたちの教育費を稼ぐ必要に迫られていた時期だったので、ふたつ返事で引き受けた。

「当時で日当3万円じゃ。月に9回も行ったら27万円じゃ。ウハウハじゃ。おかげで実家の畑はさらに手抜きになってもうて、さすがに荒れたけどな、わはは」

平日はＪＡ広島果実連の広報課で働き、土日はりょくけんで指導のアルバイトおよび実家の畑仕事。3足のわらじは多忙を極めたが、やっぱり現場はいい。しかも、農協では封印されていた道法さん独自のせん定方法を思う存分に伝えることができるのだ。こんなうれしいことがあるだろうか。

わたしはそのはなしを聞きながらふと想像した。もしガリレオが、大学で地動説を教えることを許されたらどんなに心が満たされただろう、と。

15

くだものも野菜も仕組みは同じ

2005年4月、JA広島果実連の人事異動で道法さんは購買課課長の辞令を受けた。主な仕事はデパートやスーパーマーケットにミカンジュースを売ること。広報課にいたときは、現場から外されたといっても生産者を取材する機会もあったし農業現場との接触はゼロではなかった。でもジュースを売るとなると、もはや農業技術もへったくれもない。どんな仕事にもやり甲斐やおもしろみはあるだろうが、これは明らかに道法さんの仕事ではなかった。

週末だけ指導に行っていたりょくけんからは、ずっと「正式にうちに来てほしい」と熱烈なラブコールを受けていた。愛妻ともちゃんも言った。

「お父さんの技術が発揮できるなら、りょくけんがいいんじゃない。応援するよ」

それで道法さんはついにJA広島果実連をやめた。そのとき、52歳。合計28年におよぶ実験と発見と反骨に彩られたにぎやかなお勤めは終わり、さらににぎやかな後半生が始まったのだった。

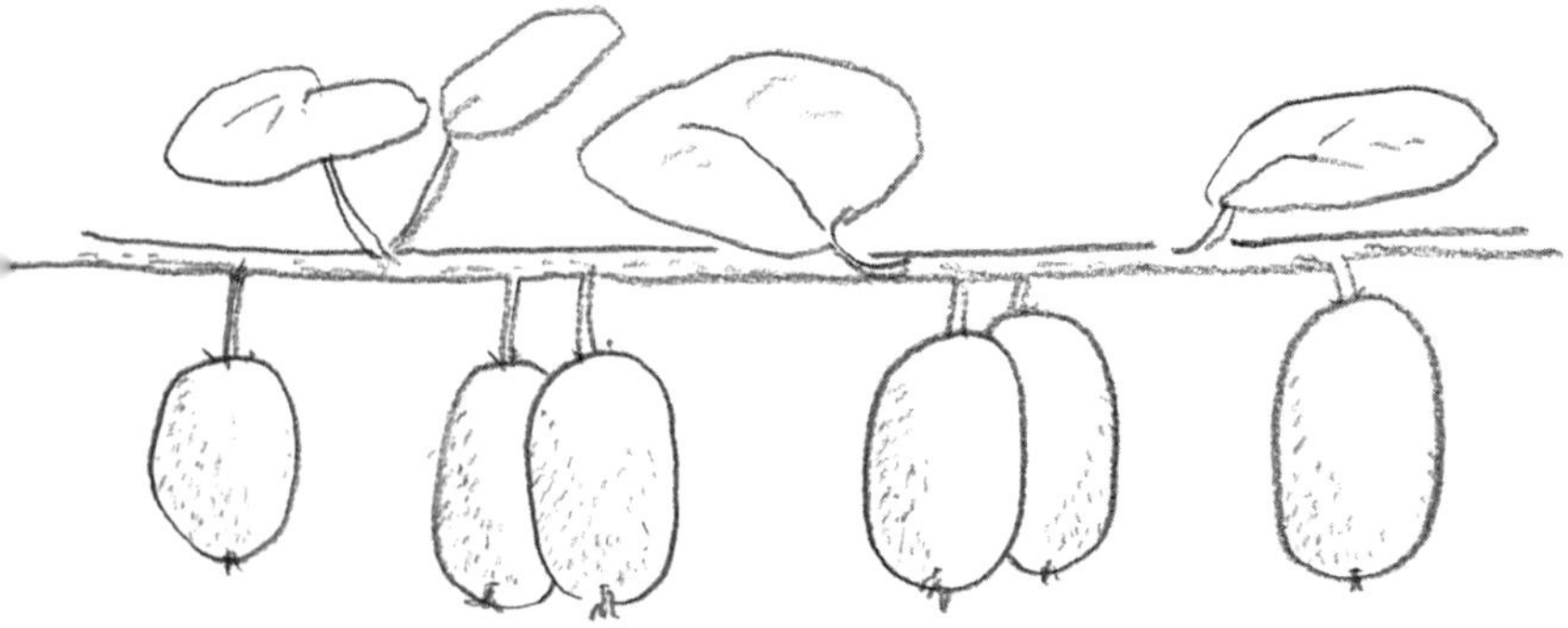

Kiwi fruit

先に言っておくと、りょくけんすなわち永田農法と道法さんのやり方はいろいろと食い違っていて、結果的には相容れなかった。道法さんがいちばん抵抗感をもったのは、永田農法は液体の化学肥料を使う点だったという。道法さんから見れば明らかに濃度障害（肥料をやりすぎて生育不良になったり枯れたりすること）だと思われるトマトがあったが、それを指摘しても受け入れられなかった。農協には農協のやり方があり、永田農法には永田農法の哲学がある。組織で一旦決められたセオリーを、個人が覆すことはむずかしい。いつの時代でも、どこの組織でも。

「でもな、りょくけんに行ったことはめちゃくちゃいい経験じゃった。それまで柑橘しかやってこんかったけど、一気に世界が広がったんじゃ」

りょくけんが手がける農作物は多岐に渡っていて、そのひとつひとつが道法スタイルを強化していったのだった。

道法さんが最初に担当したのはカキとウメだった。樹に実がなるのはミカンと同じだから、せん定や苗木の縛りもミカンと同じ感覚でやってうまくいった。

次にブドウ、キウイ、スイカ。これらは枝ではなくてつるが伸びる応用問題だ。この場合は、上から見て理想の形になるようにせん定すればいいことがわかった。

そしてついに野菜という新しい課題が降ってきた。ある日、会社に緊急連絡が入った。

「パプリカ農家が激怒してる！」

聞けば、若い後輩社員がパプリカ農家を指導したが、その教え通りに育てたら苗が枯れてしまったというのだ。社長から「代わりに行ってきて」と頼まれて、仕方なく道法さんが後輩の尻拭いに行くことになった。

ビニールハウスのなかのパプリカは、なるほど、しょんぼりと枯れかかっていた。上に針金を渡し、そこから垂らした紐に茎をかけて苗を斜めに広げていた。どうやらそのやり方がいけなかったらしい。が、道法さんとてパプリカなんぞ育てた経験はない。「どうしてくれるんだ」と詰め寄る農家。道法さんは後輩の失敗を詫び、深々と頭を下げた。

「申し訳ありませんでした！」

そして顔を上げると、言った。

「ちょっと時間をもらえませんか」

「は？」

いまさらなにをする気だと言いたげな農家。その不信感いっぱいの視線を背中に感じながら、道法さんは針金と紐をちょいちょいと動かし、しおたれたパプリカの枝がまっすぐ垂直に立つように修正した。当時の心境をこう語る。

「そりゃもうビクビクじゃ。うまくいくかどうかぜんぜんわからん。なにしろこっちは、そのとき初めてパプリカを触ったんじゃから」

わはは、すごいハッタリ。道法さんはあえて堂々とふるまい、野菜栽培の達人のごとき顔つきで「うむ」とうなずくと、「2週間後にまた来ます」と言い残して、ひとまず帰ってきた。

そして2週間後。道法さんはパプリカ農家の元へ向かった。果たして……パプリカは見事に蘇っていた！

「やった！　パプリカも垂直にすれば元気になるんじゃ」

と叫び出したい気持ちをぐっとこらえて、道法さんは達人の顔を崩さず、重々しく言った。

「うむ、これでいいでしょう」


以後、道法さんのやり方はくだもの、野菜、米や小麦とあらゆる作物に応用されていくのだった。道法さんのセミナーで、受講者から「果樹も野菜も同じやり方でいいのか」との質問が出たときのぶっとんだ回答がいまよみがえる。

「犬でも猫でも、ひっくり返しておっぱいを触るとキャインキャインって喜ぶでしょう。動物はみんな同じ、ね。それと一緒で、果樹も野菜も元気になるのは同じ仕組みなんです」

このキャインキャイン理論は、りょくけん時代に確信したことなのだった。

16

道法スタイルの伝道師となる

JA、りょくけんと渡り歩き、しかも組織のやり方にぜんっぜん染まらず、独自の農法に磨きをかけた道法さん。この農業界の異端児の存在は、少しずつ世のなかに知られるようになっていった。2000年代半ば以降、道法さんのもとにはいくつかの民間企業から「顧問になってほしい」という依頼が舞い込むようになる。くだものを使った加工食品メーカー（株式会社たらみ）、自然栽培の野菜の販売会社（株式会社ナチュラルハーモニー）、有機肥料メーカー（大成農材株式会社）と業種はバラバラだったが、いずれも道法さんが提唱する「せん定と縛りの工夫によって、肥料と農薬を減らす農法」「手間をかけず、お金をかけず、儲かる農業」に対して、年間数百万円の顧問料を支払う価値を認めたわけだ。

「すごいですね、数百万単位で契約してくれる会社がいくつもあるなんて」

と言うと、道法さんはニヤリと笑った。

「こりゃ天下をとる日も近いなと思った」

「おぉ、ついに天下を」

「ところが人生ちゅうもんは思い通りにはいかんのよ」

「ん？」

顧問契約には期限があり、そのたびに継続するか打ち切るか見直されることになる。災害に見舞われたり、景気が悪くなったり、社長が交代したり、経営の刷新が求められるときに真っ先に切られるのが顧問契約なのだ。多額の顧問料が舞い込んでウハウハした道法さんも、何年か経つと立て続けに契約が打ち切られてアワアワする羽目に陥った。

「あんたもそうじゃろ、フリーランスは大変じゃ」

「あぁ……（深く共感）」

「でも、おかげで必死にセミナーをやるようになったわけじゃ」

顧問料に安穏とあぐらをかいていられなくなった道法さんは、各地でセミナーを開催し、講師料を稼ぐことにした。道法さんのはなしを聞きたい、せん定を見てみたい、という声があれば全国どこでも飛んでいった。すると行く先々でいろんなひと、いろんな作物が待ち受けている。頭でっかちなベテラン生産者もいれば就農したばかりで右も左もわからない若手もいて、頑固な自然栽培至上主義者の隣に農薬肥料じゃぶじゃぶ派が座っていることもある。道法さんは、不特定多数のひとにこれまでに経験したことや気づいたことをどう伝えるのがいちばん効果的か、試行錯誤を重ねていった。

「毎回はなす内容が同じじゃったら、一度来たひとは二度と来んじゃろ。だから自分もどんどん進化していかにゃならんと思って、必死に勉強するわけじゃ。顧問料がなくなったおかげで真面目になったわ、ハハ」

そうして気がつけば、道法さんを呼ぶ声は、世界中から届くようになっていた。

イタリア帰りじゃ、
いえーい。
ITALIA

農の挑戦

道法スタイルの
実践者たち

それぞれ 2

道法さんのはなしを長く聞いてきて、ずいぶんわかった気になった。気がつけば得意げに「縛るのがコツなんですよ」なんてひとに受け売りしている。でも、

「実際にやってみたんですか」

とつっこまれると、ぐっと詰まる。わたしは農業をやったことがない。本書の版元では、会社のベランダにプランターを置いてトマト栽培に乗り出した。編集担当者が道法スタイルのせん定と縛りを張り切って実践したが、水やりをたびたび忘れ、いつのまにかトマトは枯れていたらしい。嗚呼。

道法さんの農法を実践しているひとにちゃんと会ってはなしを聞いてみよう。道法さんを疑っているわけじゃないけど、聞いたはなしを右から左にそのまま書いて、それで終わりってわけにはいかない。そう思って、わたしはもう少し旅を続けることにした。

ゲルに住み、
リンゴを育てる
林貴士さん

長野駅から戸《と》隠《がくし》方面へ行くバスは、スキー客でにぎわっていた。若者グループに混ざって、雪焼けした顔にニット帽を乗せたおじいさんスキーヤーの姿も。さすが、歴史あるスキー場だ。

雪山をかなり登って、指定された停留所に着いた。バスを降りて深呼吸。冷たい空気を胸の奥まで吸い込んだところで、赤い車がやってきた。

「どうもどうも、林です！」

雪道を歩くのは大変だからと林貴士《はやしたかし》さんが幼い息子さんふたりと一緒に迎えにきてくれた。お礼を言って乗り込むと、車内はいい感じにスモーキー。焚き火の匂いだ。

「天空《てんくう》、金井さんにうちの説明してあげて」

と、父ちゃんは後部座席にいる5歳の長男にはなしを振る。

「えっと……うちは、ゲーム禁止。母ちゃんが怒る」

わはは、そうなんだ。父ちゃんは苦笑しながら、

「そういうはなしじゃなくて。うち、テントでしょ。そのへんのはなしをしてあげてよ」

と再度、はなしを振る。えっ、テント⁉　と思いながら、天空くんの説明を待つが、ゲーム禁止について語るばかりで、なかなか家のはなしにならない。そのうち、林さんの家に到着してしまった。

「これがうちです」

ぬ！　モンゴルのゲルだ！

林さんご一家は、雪山に建てた2基のゲルで暮らしているのであった。す、すごい。本場モンゴルのゲルを友人に譲ってもらったという。モンゴルでは放射状の梁に羊の毛でつくったフェルトをかぶせるが、日本は湿度が高くてフェルトがカビてしまうらしい。林さんはフェルトの代わりに建築用シートをかぶせ、その上に防水用の透明カバーをかけている。晴れた日は温室効果で暖気がこもるようで、ゲルの上で猫が日向ぼっこをしていた。

「そっちがトイレ」

と林さんが指差したのは、ゲルの隣に建つビニールで覆われた三角錐。

「うちは電力会社にも水道局にもお金を払ってないんですよ。光ファイバーだけ契約してて」

ゲルのなかでは薪ストーブが燃えて、洗濯物が吊るされていた。そうか、焚き火の匂いはこのせいだったんだ。わは、おもしろい暮らしだなぁ。ひとしきりキョロキョロしたあと、ゲルの真んなかに置かれたちゃぶ台にノートを広げ、林さんのはなしを聞くことにした。

なんでもやってみる派

林さんは埼玉県草加市の生まれ、子どものころは「野球バカ」。工業高校を卒業したあとは、バイクレーサーになる夢を追いかけた。深夜の土木作業で金を稼ぎ、オーストラリアのレーシングスクールで訓練を積んだ。

「レースの世界で頭角を現すひとって、運動神経が桁違いで、なおかつ頭がおかしいやつなんですよ。ぼくはコーナーに入るとき、ギリギリまでがんばって『もう、やばい』ってところでブレーキかける。でも頭がおかしいやつは、『やばい』って思ってるぼくの横で加速していく。こいつらには敵わないと思いました」

必死に食らいついていったが、林さんは転倒による骨折を何度か繰り返し、ついにレーサーの道を諦めた。

その後、配管工、ネズミ講、携帯電話販売会社、左官、保険の代理店、マーケティング、ウェブデザイナーとさまざまな仕事を経験した。林さんは、どの仕事についてはなすときも楽しそう。

「ネズミ講ってのは……？」

「儲かるよって言われて、なぜか足を踏み入れちゃったんですよね。1年くらい一生懸命やったかなぁ。ネズミ講は儲からないし、心をボロボロにするっていうのがぼくの結論です」

苦笑しながらも、やっぱりなんか楽しそう。このひと、とにかくなんでもやってみる派なのである。

そして転機は２００８年にやってきた。

そのころ、林さんは九星気学にハマっていた。生年月日から「いい方位」を割り出して、その方角に出かけると運気がよくなる占いだ。40歳を過ぎたある日、「北西」に行くと運気が上がると考えた林さんは、ひとりで長野に遊びにきた。善光寺を詣でて、戸隠神社まで足を伸ばし……

「あぁここに住みたいなぁ、とピンときちゃって」

思ったら即行動。林さんは戸隠に引っ越してきた。最初はゲルではなく、山のなかの一軒家を借りた。ウェブデザインの仕事を請け負ったり、左官の仕事をまわしてもらったりと、過去の転職歴が身を助けた。

そして方位学のお導きだろうか、林さんはやはり東京からの移住組で長野県内に勤めていた光得《みつえ》さんと運命の出会いを果たす。ふたりは結婚し、やがて子宝にも恵まれ、そしてついにそのにぎやかな人生に農業が入り込んできた！

「近所のリンゴ農家が急病で倒れて」

誰か引き継いでくれるひとがいれば譲りたい、というはなしだった。後継者が見つからなければリンゴの樹は伐採されてしまう運命だ。その数、約１００本。光得さんに相談したら「おもしろそうだね」と言ってくれた。

「で、ぼくやりますって手をあげたんです」

ちょうど国の新規就農支援制度が始まった時期だった。新しく農業を始めるひとに、年間最大１５０万円の支援金が5年間支給されるというもの。後継者不足が常態化していた地域のひとたちも林さんの就農を歓迎し、みんなでバックアップしてくれることになった。

それにしても。楽しい流転人生を歩む林さんがリンゴ農家になることを即断するのはなんとなくうなずけるが、そこで「おもしろそうだね」とすかさず後押しする妻も相当すごい。子どもが生まれたあと、土地を購入し、ゲルの暮らしを始めた。そのときも光得さんは「おもしろそうだね」と言って電力なし、水道なしの生活にすぐに馴染んだという。

すごいなぁ。尊敬のまなざしのわたしに、光得さんははにかみながら言った。

「子どものころ、『大草原の小さな家』が大好きだったんですよね。まさか自分がそんな生活するとは思ってなかったけど。ふふふ」

おさげ髪を揺らしてほほえむ姿は、ローラみたいだ。ゲルの片隅に、福音館書店の『大草原の小さな家』シリーズが並んでいる。

無農薬への挑戦は「バカ」なのか

さて、44歳からの新規就農を果たした林さん。

「でもぼく、考えてみたら、もともとリンゴが嫌いで」

と言うからずっこけた。埼玉で暮らしていたときはスカスカのリンゴしか食べたことがなくて、長野へ移り住んでから初めてリンゴのおいしさを知ったのだとか。

「だからリンゴに品種があることも知らなかった。すべて『リンゴ』って種類だと思ってた」

わはは、そんなひとがリンゴ農家になるとは。ちなみに林さんが引き継いだ農園では、「ふじ」と「シナノスイート」の二種を栽培していた。

見習い期間はなく、いきなり本番。地域でリンゴづくりがいちばんうまい「師匠」が手取り足取り教えてくれた。

「最初の年は、いま自分がやっている作業がなんなのかまったくわからなかった。ただ師匠に言われるがまま。でもありがたいことに、ここはおいしいリンゴができる土地なんですよ」

１年目から味も収量も上々だった。農協にも出荷できたし、多くの友だちが直接購入してくれた。ひとりで１００本のリンゴの世話をするのは思った以上に大変で、ウェブデザイナーと兼業はとても無理。でもリンゴ農家一本に絞っても、家族が食べていけるだけの収入は得られる手応えを感じたという。

そして１年目が終わったとき、林さんは師匠に言った。

「無農薬でやりたい」

師匠の返事はただひとこと。

「バカか、お前」


リンゴ業界には、木村秋則《きむらあきのり》さんというカリスマがいる。青森で、それまで絶対に不可能と言われていたリンゴの無肥料・無農薬栽培に成功した伝説の人物だ。２０００年代、その苦闘の人生はテレビ番組で何度も取り上げられ、『奇跡のリンゴ 「絶対不可能」を覆した農家木村秋則の記録』はベストセラーとなり、映画化、舞台化もされた。

林さんも、自分がリンゴ農家になるとはつゆほども思わなかった時代に『奇跡のリンゴ』を読んで感銘を受けていた。だから自分も、と意気込んだわけだが、師匠も周囲のリンゴ農家も冷ややかだった。

「みんな知らないんですよ、このへんのひとは。去年だったかなぁ、近所のひとが『なんでも青森には無農薬でリンゴをつくってるひとがいるらしいぞ』って言い出したくらいですから。何年遅れてるんだってはなしですよ。このあたりの農家は、農協さんの指導に従っているだけで、それ以外の情報とは無縁なんです」

無農薬なんて言い出した林さんはたちまち孤立無援に。師匠ともだんだん距離ができてしまった。考え方が違うんだから仕方ない。林さんは講習を受けたり本を読んだり、独学で研究を開始した。

「どうせやるつもりなんだから、もう始めちゃえ」

と、2年目から思い切って畑の3分の1を無農薬栽培に切り替えた。大胆というか無鉄砲というか、やりたいことを先延ばししないのが林さんのスタイルなのだ。

しかし結果は大惨敗。

「無農薬にした畑のリンゴはボロボロでした。虫は出るし、葉っぱは夏のうちになくなっちゃうし。木村さんの本に『お酢をかける』って書いてあったから酢をかけたけど、ぜんぜんダメだった」

それでもめげずに翌年も畑の3分の1を無農薬にする挑戦を続けた。そしたら今度はマイマイガが大発生。マイマイガは10年に一度くらいの割合で大発生し、葉っぱを食い荒らす害虫だが、農薬をかけるとすぐに死ぬ。林さんの農園でも、農薬ありのリンゴでは影響を受けずに済んだが、農薬なしのリンゴは壊滅的な打撃を受けた。

うーん、やっぱり無農薬でリンゴをつくるなんて「バカ」なのだろうか。

道法さんがやってきた

そんな折、友人から興味深いはなしがもたらされた。

「おもしろいせん定をして、無肥料・無農薬でミカンを育てているひとがいるよ」

それが道法さんだった。友人が貸してくれた道法さんのせん定講習のDVDを見た林さんは、「おぉ」と思った。でも同時に「これはミカンだからできることで、リンゴでは無理だろう」と感じて、一旦、道法さんのことは忘れてしまった。

だがその数か月後、インターネットをぼんやり眺めていたら、福島県に道法スタイルのせん定でリンゴをつくっているひとがいることを知る。

「あ、リンゴでもできるんだとびっくりして、慌てて道法さんに電話しました。迷ってる場合じゃないと思って」

林さんのはなしを聞いた道法さんは、すぐに戸隠まで足を運んでくれた。２０１５年、まだ雪深い2月のこと。自然農法に興味がありそうな仲間を募ってお金を出し合い、せん定講習会を開いてもらった。「広島弁にちょっとビビった」が道法さんの第一印象。実際にはなしを聞いてすぐに、このひとが言っていることは理にかなっていると納得したという。

「どこにいちばん納得したんですか」

と尋ねると、おもしろい答えが返ってきた。

「あのね、夜にリンゴ畑を見たことありますか？　すごく怖いんですよ。枝が下向きに垂れていて、グリム童話の悪魔の森みたいなの」

たしかにリンゴの樹って怖い。とくに葉っぱが落ちた冬のリンゴの樹には、大きなおばけが「こっちへおいで」と手招きしているような、おどろおどろしさが宿っている。まさに「悪魔の森」という感じ。

林さんは続けた。

「リンゴの樹がおばけみたいに見えるのは、枝が下を向くようにせん定しているせいなんですよ。でもそれ、不自然でしょう」

枝が下に垂れるように、樹が横に広がるように、と整えるのがリンゴのせん定の常識。そのほうが日当たりもよくなるし、収穫もしやすい。それに樹勢を少し弱らせたほうが、樹が危機感をもっていい実をつけるんだ、とまことしやかに言われてきた。

「道法さんは、それは違うと言ったんです。枝は上を向くのが自然なのに、人間の都合で下に向けちゃったらダメだと。それを聞いて、ぼくはすごく納得したんです」

その日、道法さんは例によって立ち枝を残すせん定を施した。上へ上へと枝を伸ばすやり方だ。しばらくして、道法さんがせん定した樹は、明らかに生き生きしてきたという。

「わーこれはすごい、と実感しました」

雪が解けた4月ごろ、道法さんから電話がかかってきた。

「言い忘れとったけど、花摘みするなよ」

このひとことも印象深かったと林さんは振り返る。

リンゴは1箇所に5つくらい花が咲き、実になる習性をもつ。5つ全部が実ると、ひとつひとつが小さくなってしまうし、お互いに押し合って傷がつく。そこで花が咲いた段階で4つを摘んで、ひとつだけ残すのが一般的なやり方だ。でも道法さんは言った。

「花を摘むと、樹はもう1回花を咲かせなきゃいかんと思ってエネルギーを使おうとする。それで樹が弱るんじゃ。小さい実がなってから4つ取って、ひとつ残せばいいから」

　その年の夏、翌年の春、初夏、秋……と道法さんは林さんのリンゴ園を何度も訪れ、丁寧にアドバイスしてくれた。道法さんにせん定を教えてもらって、樹はめきめきと元気になっていった。作業時間もずいぶん短縮できるようになったという。

「それまでせん定って、センスを身につけなきゃできない職人技みたいなもんだと思ってたんです。ひとによって言うことも変わるし。だからぼくはせん定のとき、いつも考え込んで時間がかかってた。でも道法さんのやり方は『いちばん伸びている枝だけ残せ』というシンプルなもの。迷わずせん定できるようになりました」

　道法さんは林さんの顔を見るたびに、

「林くん、無農薬はもう少し経ってからでええじゃろ」

　と言ったらしい。リンゴをいきなり無農薬で育てるのは難易度が高すぎるから、徐々に減らしていくのがいいというのが道法さんの考えだった。

「これ、本に書けるかなぁ」

とニヤニヤしながら林さんが言う。

「ぼくが好きな道法さんの名言に『農薬は中学生がタバコ吸うようなもんだ。肥料は覚せい剤をやるようなもんだ』というのがあって。へへへ」

日本は湿度が高く、菌が増殖しやすいし虫もたくさん発生する。そりゃあ無農薬で栽培できたらいちばんいいけど、少しくらい農薬を使うのは「悪党としちゃ、かわいいもんだ」と道法さんは言うのである。それにひきかえ肥料に依存するほうがよっぽど罪深いというのが道法さんの説くところだ。

「肥料をやると、それを根から吸った樹がメタボになっちゃう。チッ素肥料はアンモニアになって葉っぱや実に溜まる。そのせいで虫が来て農薬が必要になる。そういう実を食べると、体にも毒になるし……」

肥料を施したほうがリンゴの実は太る。収量も上がる。農協にとっては、味や安全よりも収量が大事。だから農協は施肥を推奨する。ふうむ、そういうことか……。

林さんは、道法さんに会ってからリンゴに肥料をあげたことはない。

「ほら、そのリンゴも今朝切って何時間も経ってるものだけど、茶色くないでしょ」

と、お皿に乗った8つ切りリンゴを指差した。リンゴを切ったら酸化して茶色くなるが、それも肥料をあげるせいなのだという。

「うちのリンゴは塩水につけなくても茶色くならないんです。リンゴジュースも酸化防止剤を使ってないけど茶色くない。ね、うちのジュースおいしいよね？」

林さんは、ストーブに薪をくべに来た妻の光得さんに声をかける。光得さんは優しい口調で答えた。

「おいしいよね。私、風邪をひいてなにも食べられなかったときも、うちのリンゴジュースだけ飲めたもんね」

飲み会で耳にした農薬を減らすコツ

「農薬に関しては、まだまだ試行錯誤の途中です」

と林さんは、ジャングルをゆく探検家のような顔つきで言った。正解はわからないけど、怯まずに進んでいくことだけが決まっている、そんな感じだ。

「3年目から農地全体の農薬を半分にしているんです」

それは、道法さんとは別のルートから仕入れたやり方だった。林さんはリンゴ農園を引き継いだ当初から、長野市農業青年協議会に所属している。若手が集まって勉強会を開いたり、作物の販売イベントを行ったりする組織だ。若手といっても新規就農者はわずかで、多くが農家の2代目、3代目。親の代から農協のやり方にどっぷり浸かってきたひとが多く、「ほとんどのひとは無農薬になんてぜーんぜん興味がない」らしい。

その青年協議会の飲み会の席で、先輩がはなしているのが聞こえた。

「農薬なんてなぁ、丁寧にまけば半分の量でいいんだよ」

えっ。林さんはすかさず耳をそばだてた。その、長年リンゴ農家をしている先輩は続けて言った。

「農協が推奨する農薬の量は、適当によそ見しながらまいても効果がある分量なんだ。ちゃんと樹を見ながら丁寧にまけば、半分の濃度でも十分効果が見込めるんだよ」

「なるほど！」

林さんは膝を打った。一理ある。なによりも「無農薬」とか「自然農」と無縁の先輩が言うのだから説得力があった。以来、林さんは農薬の濃度を半分に薄めてまく作戦をとっている。

道法さんのせん定を取り入れた翌年くらいから、林さんのリンゴの葉っぱの色が目に見えてよくなった。近所の農家のひとがやってきては、

「お前はめちゃくちゃなことをやっているけど、お前のところのリンゴの樹はすごい元気だなぁ」

　と驚くらしい。

「お前、いい肥料やってるんだろう」

「やってないっす。こんなに元気だから肥料やる必要ないでしょ？」

「そうか。農薬は？」

「農薬は半分の量でやってます」

「半分でこれか。大したもんだなぁ」

「いずれ農薬もやめたいんですよねー」

　そう林さんが言うと、近所のおじさんは驚いて大声を出した。

「わはは、そうなったらお前、金がぜんぜんかかんないな！」

　農協に言われた量の農薬をまくと10アールあたり年間約２万５０００円かかる。それが不要な上、リンゴの樹がむしろ元気だということは……。おじさんは声のトーンを下げてつぶやい

た。

「おれらは農協からなにを教わってきたんだろう」

その独り言のような疑問文が、リンゴ畑の空に溶けていく。


最終的にはやっぱり無農薬を目指したいのだ、と林さんは言う。

「去年、樹が元気になってきたんだからもう虫はこないんじゃないかなーと思って一部の畑で殺虫剤を抜いてみたんです。いやぁ、ダメでした」

農薬は基本的に殺虫剤と殺菌剤を合わせてまくもの。その殺虫剤だけを抜いて、殺菌剤だけにしてみた。ところが7月くらいから虫が出て、葉っぱは落ちて、実のなかに蜜が入らず、半分以上が出荷できなかったとか。うーむ、それは大打撃だ。

「だから今年は、2割減くらいでまこうかと思ってます」

このひとは、何度失敗しても試行錯誤から降りるつもりはないらしい。

「あの、ひとつ聞いてもいいですか」

わたしはおずおずと言った。

「奇跡のリンゴの木村さんは、なんで無肥料・無農薬が実現できたんでしょう。そして、なんでほかのひとはそれができないんでしょう」

林さんの答えは明快だった。

「あれは、本当に奇跡のリンゴなんだと思う」

木村さんのやり方でうまくいくのは木村さんだけだ、というのが林さんの見立てだった。木村さん以後、同じようにリンゴを育てることができたひとはひとりもいない。

「だから、木村さんのやり方は普及できない。一代限りの名人芸みたいなもんだと思います。道法さんのやり方は誰でも真似できるし、ミカンやリンゴだけじゃなくて、どんな作物にも応用が効く。道法さんがすごいのはそこですよね」

はなしているうちに日が傾いて、ゲルの上でうたた寝をしていた猫が下に降りてきた。ゲルのなかは焚き火の匂いに包まれて、ずっとあたたかい。

父親に隠れて
道法スタイルを実践する
ヘイさん

雲ひとつない秋晴れ。駅前ロータリーに清らかな光が降り注いでいた。ええと、それがどこの駅かを書くことはできない。南関東の某所とだけ言っておこう。駅まで迎えにきてくれた男性は、

「今日はわざわざ、ありがとうございます」

とこちらが恐縮するほど丁寧に頭を下げた。30代後半だというが、キビキビした動きも澄んだまなざしも青年のよう。

「本名は、書かないほうがいいですよね」

「すいません。万が一、まわりのひとの目に触れるとまずいもんですから……」

そう言って苦笑した男性を、仮にヘイさんと呼ぶことにする。

ヘイさんの家は、おじいちゃんの代から農業に従事してきた。落花生、トマト、キュウリなどをつくっていたらしい。そのあとお父さんが果樹を始めて、いまはブドウ、キウイ、ナシが主軸だという。ヘイさん一家の果樹づくりは地域でも一目置かれていて、お父さんは長くＪＡ果樹部会の会長を務めている。農協の方針を疑うことなく、農薬と肥料を使った「王道」の果樹栽培を推し進めてきた60代の父親の目には、息子のヘイさんが傾倒している農法は「邪道」と映る。

「ぼくがいくら説明しようとしても、父は聞く耳をもちませんから。これ以上そのことを突き

詰めると喧嘩になっちゃうんで、もういいや隠れてやろうって」

そういう事情でヘイさんは、道法さんの農法を秘密裏に実践しているのだった。その様子を、人目を忍んでお伝えしたい。

農家の跡継ぎあるある、とは？

ヘイさんは子どものころから工作が好きだった。木の端材を使ってちょっとしたものをつくったり、手近なものを組み合わせてロボットや飛行機をつくったり。「ハマったらとことん」な性格で、小学生のころに好きになった海援隊や武田鉄矢のレコードも宗田理の小説も全部揃えて、いまだに追いかけている。

農家の長男だったので、跡継ぎの自覚を早くからもっていた。それで東京農業大学に進学するが、教員養成コースを履修してまずは中学校の先生になった。

「いずれは農家を継ぐつもりでした。結局、教師は7年間やったのかな。ちょうど3年生の担任をして、彼らを卒業させたところで区切りがよかったんで教師をやめて、農業に転職しました」

それまで実家の果樹園は、父と母がふたりで切り盛りしていた。地域にも若い農業従事者は少なく、29歳だったヘイさんの決断を両親とも大歓迎してくれたという。

しかしどんなに仲のいい家族でも、住まいも一緒、仕事も一緒、というのはけっこう大変だ。

「まぁ、こういうはなしは『農家の跡継ぎあるある』なんですけどね……」

ヘイさんは笑いながら、多くの農家で起きがちな親子の葛藤を説明してくれた。ベテラン農家のお父さんは、自分のやり方に絶対の自信をもっている。そのうえ頑固な職人気質で教え方がぶっきらぼう。「なんでこの作業が必要なのか」と問う息子に、ろくに説明もしてくれない。かと思えば、ある部分ではやたら細かいところまで注文を付けてくる。そりゃあ険悪になるのも無理はない。

「ときには前に言ったことと違うことを言うしね。それを指摘すると父も意固地になるしね。ハハハ、そうなるともう、こっちもぜんぜん素直に聞けないんですよ」

やっと仕事が終わって、食事どきになると今度は、「お前、結婚しないのか」「そうよ、農家に来てくれるお嫁さんは少ないから若いうちに見つけないと」って、両親から別のプレッシャーをかけられる。心配する親心もわからなくはないが、ヘイさんにしてみれば、「うるさいなぁ！」の思いしかない。

「なんか、すっごい嫌でした。そのころは農業がぜんぜん楽しめなくて」

鬱屈の日々は数年続き、しかしその先に、思いがけない展開が待っていた。

「隠れ切り上げシタン」と呼ばれて

33歳の秋のこと、ヘイさんは仲間に誘われて農園でごはんを食べるイベントに顔を出した。そこでのちに妻となる女性ヒナさん（仮名）と出会う。大学では生物学を勉強し製薬会社に勤めたこともある、いわゆるリケジョ。

「彼女は食べることと自然が好きなひとで。当時、農業にはそこまで興味はなかったと思うけど、ぼくが収穫したブドウと梨をプレゼントしたら仲良くなって」

ヘイさんは照れくさそうに言った。知り合って半年で結婚。親と同居の農家に嫁いできてくれたヒナさんに一家は大喜びだ。新婚ホヤホヤのある日、ヒナさんが言った。

「ねえ、フェイスブックで見たんだけど、道法さんてひとのセミナーがあるんだって。おもしろそうじゃない？」

ちょうどその日はヘイさんに用事があり、ヒナさんがひとりで道法セミナーに行ってみた。

「私は農業については素人だけど、道法さんが言ってることと、うちの夫たちがやっていることはぜんぜん違うってはっきりわかりました」

　ヒナさんはそう振り返る。

「私も一応理系だったから、道法さんが説明する植物の仕組みのはなしに筋が通っていることも理解できたし、おもしろかったです。え？　下ネタ？　はい、もちろんありました、ふふふ」

　家に帰って、早速ヘイさんに道法さんのはなしの一部始終を伝えた。ヘイさんも興味をもって、ヒナさんがもらってきた資料を読み込み、ＤＶＤの映像を何度も見たという。そして2か月後、今度はヘイさんが道法セミナーに参加する。

「それが２０１５年5月のことです。そこからハマりまして、これまで4年半で35回、セミナーに行ってます」

「え！　35回⁉」

　わたしが驚嘆すると、ヘイさんは笑顔でうなずいた。まさに「ハマったらとことん」の性格が十全に発揮されているのだった。関東近郊で開催されるセミナーはもちろん、東北地方や近畿地方のセミナーに車を飛ばして駆けつけることもしばしばだと言う。

「でもあの、父には内緒です。道法さんのセミナーに行くときは毎回、消防団の集まりがあるとか、友だちの結婚式があるとか、嘘をついてます」

「はー、まるで隠れキリシタンですね」

「いえ、隠れ切り上げシタンです」

ヘイさんのジョークに大笑いする。道法流の立ち枝を残す「切り上げせん定」を隠れて信仰するヘイさんにぴったりの呼び名。あるとき自己紹介で「隠れ切り上げシタン」を名乗ったら、道法さんと参加者に大ウケして、以来みんなからもそう呼ばれているらしい。道法さんに出会って、ヘイさんの農業はどう変わったのだろうか。秋晴れのキウイフルーツ畑を案内してもらった。

ジャングルみたいなキウイ畑

ヘイさんちのキウイ畑はふたつある。ひとつは家の近く、もうひとつは離れたところ。ヘイさんはまず、家から離れたところにある畑に連れていってくれた。

「わー、いっぱい実ってる！」

少し腰を屈めてキウイ棚の下に潜り込むと、目の高さにたくさんの実がぶら下がっていた。実が緑色で爽やかな味の「ヘイワード」、黄色い果肉がねっとりと甘酸っぱい「アップルキウイ」、中心が鮮やかな赤色で甘みの強い「紅妃《こうひ》」の3種のキウイを育てている。味見させてもらったら、いままで食べたキウイはなんだったんだろうと思うほど最高の味だった！

「ここはもともと知人のキウイ畑だったんです。6年ほど前にそのひとが農業をやめることになって、ぼくが引き継ぎました。家から離れているから、父はほとんど見にこない。それをいいことに、けっこう好き放題やっていて」

隠れ切り上げシタンの目が、キラリと光った。

そもそも家から離れている畑を管理するのは手間がかかる。施肥や農薬散布のたびに道具を運び込んだり、持ち帰ったり、いちいち大変だ。だからヘイさんは、「いっそ無農薬でやってみよう」と考えた。幸いキウイは病気に強い作物なので、少々手抜きをしても育つだろうとの目算もあった。

「最初の1年半くらい、自己流で無農薬栽培をやっていました。だけど知識も経験もなく、ただ農薬をやらないで放置してるだけって感じで。こんなんで大丈夫なのかな、いつか病気になるんじゃないかとビクビクしてました」

道法さんと出会ったのは、そんなときだった。

樹の枝を切りすぎないことで、植物に備わっているホルモンを引き出す。無肥料・無農薬でも病気になりにくい元気な樹にする。その発想に打ちのめされた。

「なによりも、ぼくが疑問を投げかけると道法さんは即答してくれる。それで一気に信頼感が高まりました。それまで父親に質問しても得られなかった明快さがあったんです。父の場合は、理論もあるけど最後は勘に頼るみたいなやり方でしたから」

ヘイさんは、道法さんの教えを忠実になぞってキウイ畑を整えていった。通常はＹの字に広げていく枝も、一方向にまっすぐ伸ばす。このほうが植物ホルモンの流れがスムーズだと考えるのが道法スタイルだ。枝もなるべく切らず、葉が重なって日光が届かなくなることを恐れない。結果的に、枝と葉がものすごく密集した畑になった。

「こんなジャングルみたいに茂っているキウイ畑は、ほかにないですよ。父が見たら絶対に怒ると思います、ふふ」

あとで家の近くにあるもうひとつのキウイ畑を（お父さんに見つからないようにコソコソと）拝見したが、そっちは地面に木漏れ日が落ちて、畑全体がとても明るかった。つまり枝ががっつりせん定されている。農薬も肥料もしっかりまいて、キウイの実には「傘」と呼ばれる雨よけカバーをかけて、いかにも手間ひまをかけて栽培している様子が見てとれた。

それに対して、ヘイさんの畑はジャングル然としている。葉が茂っているおかげで実に傘をかけなくてもある程度は保護されるという。手間がかかっていない。もともと農薬はまいていなかったが、３年前から肥料も一切やっていない。お父さんから「お前のキウイ畑に、この肥料をまいてこい」と命じられることもあるが、

「わかったーって返事しながら、その肥料、しれーっと友だちにあげてます」

と言っていたずら小僧のように笑うのがおかしかった。

信じるってなんだろう

しかし、人間は心が揺れる生き物だ。

道法さんのやり方がよさそうだと思うことと、それを実践することのあいだにはかなりの隔たりがある。道法さんの農法を取り入れることはすなわち、これまでのやり方を否定する、捨てる、変えるということ。道法さんのセミナーを聞いたひとが１００人いたとして、そのうち何人が思い切って決断できるだろう。しかし本当に心が揺れるのは、その先だ。

「道法さんに習った通りにやったつもりでも、思い通りに育たない。そのとき、どうするかですよね」

ヘイさんは、キウイの枝をいとおしむように見上げて言った。キウイは工業製品ではない。レ

シピに書かれた通りにつくれば規格サイズのきれいでおいしい実がなるわけではない。それが農のむずかしさ、深遠さだ。

「うまくいかないとき、思い当たる原因が多すぎて迷ってしまう」

というヘイさんのひとことが重く響く。道法さんのやり方がそもそもまちがっているのか？　それとも自分が道法さんのやり方を正しく理解できていないのか？　はたまた道法スタイルの正誤とは関係なく春の長雨のせいなのか？　夏に気温が上がらなかったせいなのか？　あらゆる可能性が頭のなかをぐるぐると巡る。原因が完璧にわかることは稀で、だからこそこのまま道法スタイルを続けていいのだろうか、という問いが突きつけられる。

「農家仲間にも、道法さんのはなしを聞いて試してみたけど、うまくいかなくてやめてしまったひともいます」

　うーん。これはもう「信じるってなんだろう」案件である。ヘイさんがこれまでに35回も道法さんのセミナーに通い続けているのも、そういう背景があるからだった。

「道法さんの言う通りにやっているつもりなのに予想と違う結果になると、『どうして？』って思うじゃないですか。そういう疑問点を全部スマホにメモしておくんです。で、次のセミナーに行って、その疑問を直接ぶつける。道法さんの答えを聞いて、また畑に戻って日々を過ごしていると、また別の『どうして？』が出てくる。だからまた次のセミナーに……ってことの繰り返しで、35回も行ってしまいました」

たとえば道法さんは「葉っぱは大事だから、葉っぱは残せ」と言う。ヘイさんが教えの通りに葉をふさふさと茂らせると、あるとき、下のほうの葉っぱが枯れ落ちてしまった。一般的には「葉っぱが重なると実が大きくならない」とか「途中で葉が枯れると味が悪くなる」などと言われているので、ヘイさんは当然心配になる。そこで不安に負けて道法スタイルを手放し、葉が重ならない元のせん定に戻すこともできる。でもヘイさんは、道法さんを信じているし、信じたいから、歯を食いしばって踏みとどまった。枯れた葉の写真を撮り、道法さんに疑問をぶつけるために次のセミナーに申し込んだ。写真を見た道法さんは「こんなふうに葉が枯れて落ちるのは、樹が自分でバランスをとるためにやってることだから問題ない」と言ってくれたという。そのひとことでヘイさんは安心し、再び確信をもって葉を茂らせる。

なんだかヘイさんが敬虔な信仰者に見えてくる。まるで自分の内なる信心を確認するために聖地を巡礼し、教祖のことばを反芻する信者だ。隠れ切り上げシタンの異名は伊達じゃない。

「いや、自分だって揺れますよ。なにかがうまくいかなくて、次に質問するまでのあいだはやっぱり揺れますよね。また、そういうときって、うまくいかない理由を自分以外のせいにしたくなるんですよね、ふふふ」

農業って、信念が試される仕事なんだなぁ。いや、たぶんすべての仕事に、「自分が信じたことをどこまで突き通せるか」の問いがあるのだ。仕事って尊い……。

壮大な実験は続く……

手探りで道法スタイルを取り入れて5シーズンが過ぎた。現在ヘイさんがつくるキウイと、お父さんをはじめとする旧来のやり方でできるキウイを比べると、

「糖度に差が出るかなと思ったけど、じつはそれほど差は出てないです。ただぼくのキウイのほうが糖と酸のバランスがよくて、濃い味に感じます。よりキウイらしい味と言いますか。実の大きさと収量はもう少し改善の余地がありますね」

とのこと。これからも道法さんの元に通い、そのやり方を徹底的に吸収したい、そうすれば改善のポイントが見えてくるだろうとヘイさんは静かに語った。

「道法さんが示してくれる理想が10だとしたら、去年は2までできた、今年は3まで、というふうにだんだん10に近づいている実感がある」

と胸を張る。この道を進めば農薬や肥料の費用はかからず、手間もかからず、収量が見込めて、それでいて従来のものより味がよく、さらには無農薬の安全性が付加価値になる。それを自分の手で証明して、多くの農業従事者に伝えたい。そう語る表情は「信じる者」のそれで、なんだか清らかだ。

「キウイは、中学生よりずっと素直ですよ」

と元中学教師のヘイさんは朗らかに言った。

「中学生はひとりひとりの状況が違いすぎるから、Aくんには有効だった指導が、Bくんにはまったくの逆効果になったりする。けどキウイはよくも悪くも育てた通りに育ってくれる。すごく素直なんです」

物言わぬキウイの声を聞く――それはとてつもなくむずかしいことだ。逆に言えば、だからこそ、キウイが元気になってきた、思い通りに育ってくれた、という小さな実感を積み重ねていくほど楽しいことはないのだろう。ヘイさんの笑顔を見ていると、隣にいるわたしまで気持ちが晴れてくる。

「ヘイさんは、キウイを相手に壮大な実験をしているわけですね」

「そうそう。そう考えると農業ってめちゃめちゃ楽しいですよね。それって道法さんが30年以上かけてやってきたことでもあるわけです」

「いつか、お父さんにわかってもらえるといいですね」

「そうですねぇ。最終的には、売り上げが安定することを示せたら、『これもありだな』って思ってくれる、かなぁ。それまでがんばります」

隠れ切り上げシタンの雌伏のときはもうしばらく続きそうだ。でも、それも含めてヘイさんの農業は楽しい。取材のあと、また駅前のロータリーに戻る。来たときは真っ青に澄み渡っていた空が、今度は見事な茜色に染まっていた。

ちょっといっぷく 2

肥料はいいやつか、悪いやつか

道法さんに会うまで、肥料が悪いやつだという認識をわたしはまったくもっていなかった。ここでちょっと肥料の歴史を振り返ってみたい。

農業は大昔からある職業だけど、ずっと同じことを繰り返してきた保守的な仕事だと思ったら大まちがいだ。いにしえより人類は、どうしたら作物が元気に育つか、おいしく実るか、たくさんとれるかを考え続けてきた。で、少しでもよさそうな方法があれば、果敢に試してみた。トライ&エラーを積み上げて、農業はいまの形になったのだ。いつだって畑は、最先端の実験場なのだ。

最初の最初、人類は無意識に「肥料らしきもの」に出会った。

古代エジプトでは毎年7月ごろにナイル川が必ず氾濫し、周囲の耕作地は水浸しになった。しかしこの洪水によって、上流の肥沃な土が畑に染み渡ることを人びとは知っていた。だから、水が引いたら種まきの季節と決まっていたという。まさに「エジプトはナイルの賜物」。あぁ、ありがたや、ナイル川。余談ながら当時のエジプトには、ファラオがナイル川に向かって自慰をする儀式があったらしい。王さまの精子が川に注がれることによって、豊穣がもたらされると考えられていたのだ。ファラオも大変だった。

焼畑農業も世界各地でかなり古くから行われていた。草木を焼いて農地を開拓するのがもともとの目的だったが、きっと農民たちはすぐに気づいたことだろう。灰が畑の土に混ざると、作物がよく育つという因果関係に。草木を焼いた灰には養分が含まれている。そこが酸性の痩せた土地だった場合、灰を混ぜることで土

江戸時代の
「下肥《しもごえ》買い」

便所の糞尿を
買い取り，農民に
販売する商売。

が中和されるメリットもある。日本では縄文時代からあった農法で、『万葉集』にも野焼きの歌がある。

冬ごもり春の大野を焼くひとは焼き足らねかも我が心焼く（詠みびと知らず）

作物が養分を吸って育つと、農地は痩せる。「じゃ、別の土地に移動しよう」と身軽に動けた時代もあったが、土地には限りがある。やがて、ひとつの土地に定住して農業を続けていくためには意識的に土地を肥やすしかない、という考えが浸透していく。

草を刈って敷いたり（敷草《しきくさ》）、畑に育った植物を抜かずにそのまま土に混ぜ込んだり（緑肥《りよくひ》）、家畜の糞尿と藁を混ぜて発酵させたり（厩肥《うまやごえ》）、天然素材の肥料がさまざまに工夫された。きっとスペインの農村にもインドの農村にも奈良盆地にも「肥料名人」がいて、地域で一目置かれていたに違いない。

そうこうするうちに貨幣経済が発展し、農家は野菜を売り、肥料を買うようになる。東京都江東区にある深川江戸資料館には、天ぷらの屋台とか職人が住む長屋とか江戸時代の街並みが再現されているが、なかにひときわ立派な大店《おおだな》があって、これは実際に深川にあった肥料問屋「多田屋」を模したもの。イワシやニシンから油をとった残りの〆粕《しめかす》を肥料として商っていた。〆粕はアミノ酸を多く含んでいて、畑にまくと野菜の味がよくなるという。誰が最初に試してみたんだろう。

一方イギリスでは、動物の骨が肥料になることが判明した。舞台は18世紀、イギリス中部の町シェフィールド。刃物製造業がさかんな土地で、刃物工場のまわりにはナイフの柄に使う動物の骨や角、牙の削りかすがたくさん落ちていた。あるとき気づいたひとがいた。「あれ？　骨のかすが落ちているところだけ、雑草がやたら茂ってるような……？」こうして偶然発見された骨粉肥料は広く知られるようになり、動物の骨を砕いて肥料をつくって売る商売が流行したという。

産業革命のあと人口がドッと増えたし、１８１６年は「夏のない年」と言われる異常気象でヨーロッパが大飢饉に見舞われた。それで、みんなが生きていくためにはもっと効率よくたくさんの農作物をつくらないとやばいね、という意識が高まった。そんななかで誕生したのが化学肥料だ。

ユストゥス・フォン・リービッヒさん
1803～1873

キーマンは現在のドイツに生まれたユストゥス・フォン・リービッヒさん。子どものころから化学実験にハマり、実験中に何度も爆発事故を起こした筋金入りの化学オタクで、なんと22歳で大学教授に。考え方や実験方法も画期的で、クロロホルムとかアルデヒドとか有機化合物をたくさん発見した偉大な化学者だ。

なかでも「植物は無機物を栄養にしている」と言い出したこと（無機栄養説）が農業に大きな変化をもたらした。それまでは土のなかの腐植（土のなかで動植物が腐ってできた黒いモノ）が栄養だと考えられてきたから、みんな「マジか！」となった。そりゃそうだ。ずっと草とか灰とか〆粕とか動物の骨なんて有機物をまいてきたんだから、いきなりカリウムだのマグネシウムだのって化学物質の名前を列挙されて「無機物が栄養なんですよ」と言われても面食らうばかりだっただろう。

19世紀後半になってから、ロバート・ウォーリントンさんというイギリス人が「土のなかの有機物を微生物が分解して無機化してた」というカラクリを見つけてくれて、やっとはなしがつながったんじゃないかと思う。つまり、人類が延々と畑にまいてきた有機物の肥料は、微生物のおかげで無機物になって、それがちゃんと栄養になっていたわけだ。だけど有機肥料は分解するのに時間がかかるし、一度にたくさんは用意できない。一方の化学肥料は即効性があるし大量生産できる。それで近代以降、農業のメインストリームでは化学肥料が幅を利かせることになったのだった。

現在、農業の本には「作物が生長するには酸素、炭素、水素、窒素、リン、カリウム、硫黄、カルシウム、マグネシウム、鉄、ホウ素、マンガン、モリブデン、銅、亜鉛、塩素、ニッケルの17種類の養分が不可欠」と書いてある。とりわけ重要なのが、窒素とリン酸とカリウム。植物の仕組みがいろいろわかってきたのはこの１００年ちょっとのことなのだ。でも同時に肥料をやりすぎると連作障害が起きたり、土壌や川の汚染の原因になることもわかってきた。それに肥料をやると樹が弱ったり、害虫がつくことは多くの農家が実感している。

長い歴史を経て、たぶんいま、ここ。

肥料はいいやつなのか、悪いやつなのか。

化学肥料だけが悪者で、有機肥料は善人なのか。

肥料に頼らず、土づくりに励むのがベストの道なのか。

いつだって畑は、最先端の実験場。ならば、結論はまだ出ない。いまなおさまざまな実験が同時並行で行われているのだ。そしてわれらが道法さんはきっぱりと言い切る。「肥料は必要ない」と。

「植物が本来もってる力を引き出すことで、肥料なんてやらんでも育つんじゃ。山桜を見てみい。誰も肥料なんかやっとらんのに、毎年ちゃーんと花を咲かせるじゃろ」

自然栽培を
研究する科学者
矢野美紀さん

甲府駅を晩秋の柔らかい日差しが包み込んでいた。特急スーパーあずさの到着時刻に合わせてわざわざ駅まで迎えにきてくれたのは、山梨大学生命環境学部准教授の矢野《やの》美紀《みき》先生。道法スタイルにいち早く着目し、科学的なアプローチを重ねている農学者だ。

「はじめまして」

のご挨拶も早々に、

「まずは圃場《ほじょう》にお連れしようと思って。私の車で行きましょう」

朗らかに、よどみなく導いてくれる。すらりとした長身をモスグリーンのパーカーに包んで、足元はスニーカー。なんだかとっても軽やかだ。

矢野先生が圃場と呼ぶ場所は、大学の実験用の畑だった。一面にブドウ畑が広がっていて、手前にはモモやスモモが植わっている。少し離れたところで野菜や穀物も育てているらしい。学生さんの姿はなく、技術職員がふたり、散歩している猫一匹、たぬき一匹。

「ここに道法さんに来ていただいて、学生の前でせん定講習をしてもらっているんです」

矢野先生が圃場のなかを案内してくれた。葉を落としたモモの木が、堂々と日を浴びている。なんかひらひらしていると思ったら、幹から伸びる数百本の枝の一本一本にラベリングがしてあるのだった。こうして枝の伸び具合を調べるのだという。農業を数値化し、科学的に検証するって大変な仕事だなぁ。

つまずき、迷走し、最後に本気になった学問

畑を見学したあと、建物内に移動してはなしを聞かせてもらった。はじめに生年月日をうかがったら、矢野先生とわたしは同じ学年、しかも東京都文京区のご近所の高校どうしということがわかって、

「あ、そうなんだ」

「わは、うれしい」

と一気に親しい気持ちになる。とはいえ得意な科目は数学で、中学ではバスケットボール、高校ではバレーボール、大学では少林寺拳法と文武両道の青春を送った先生と、数学は赤点で体育はサボり、いじけていたわたしとでは雲泥の差なのだけど。

「いえ、私も順風満帆じゃないんですよ。学生時代はぜんぜん勉強してなくて」

そう言って、先生ははにかんだ。高校には、一度受験に失敗したあと二次募集で入った。医学部を目指していた時期もあったけど、やっぱり化学がやりたくなって一浪して東京大学理科

二類に進学。だが成績が悪くて化学系の研究室には入れず、農業生物学科に。90年代は遺伝子研究が流行り出したころで、矢野先生もその道に進もうと思ったが大学院入試で不合格。たまたま新しく設置された農学国際専攻というところに拾われた。

「栽培も嫌いだったし、園芸学なんか興味もなかったのに、こっちの道に進んでしまったんです」

そのひとがいま、道法さんの農法の理解者として農学の最前線に立っている。おもしろい。

はなしを聞くと、矢野先生は「何事にも関心がもてなくて」「高い意欲もなく」「勉強にも身が入らない」という時期が長かったらしい。それでも都立の進学校から東大に行き、紆余曲折あったとはいえ大学院に進学するくらい優秀なのが先生のすごいところだが、ずっと心の底から学問に打ち込めない自分をもて余していた。

そんな矢野先生を変えたのは、農の現場だった。

園芸学に興味もないまま拾われた大学院の農学国際専攻は、開発途上国の農業を支援する人材育成を目的としていた。矢野先生はタイに渡って、リュウガン（漢字で書くと「竜眼」。ライチの仲間）を研究することに。タイはリュウガンの生産量がもっとも多い国だが、収量が安定しないのが地元農家の悩み。矢野先生はその原因を突き止めるために奮闘した。

「もともとくだものは好きでしたし、タイもすごく気に入って、だから研究は楽しかったです。なによりも『植物から学ぶ』って感覚を初めて味わったのがタイでした」

それまでも農業実習などで植物に触れる機会はあったが、「この植物にはこんな特徴があります」とあらかじめ教えられてから観察していた。しかし博士課程の研究では導いてくれる先生もいないから、ひとりでじっくり、とことん観察した。

「そうするとね、『あー、リュウガンってこういう仕組みで生長しているのか』と見えてくるんです。教科書や先生に教わって知るのと、自分の目で見て発見するのとでは感動がぜんぜん違うんですよ。それでさらに観察にのめり込んでいくと……」

その先に、先生の意欲をかきたてる決定的な出来事があった。

「教科書に書いてあることと実際の農場で起きていることが違う場合があるんですよね。調べてみると、充分な調査をしないままほかの果樹の理論をリュウガンに当てはめて書いてるだけだったり。学問の世界で信じられていることって案外、不確かなんだと思いました。ならば私は、すでにある理論よりも自分の目で確かめたことを信じたいと」

わー、道法さんと同じだ！

植物の正解は、目の前の植物が教えてくれる。植物自身がもっとも優れた教科書なのだ。

「先入観をもたずに現場で観察していけば、人間は植物をもっと理解できるだろう、自分ものために貢献できるはずだと思えたんです」

突如として植物の研究に没頭し始めた矢野先生の姿を見て、先生のお父さんは「勉強の『べ』の字もしなかったお前が、気でも狂ったのか？」と言ったとか。ひとは、これが自分の使命だと悟った瞬間、急変するのだ。

タイから帰国したあとは柑橘類の研究もした。２００６年からは東大大学院農学生命科学研究科附属の農場に勤務し、学生たちに農場実習を指導するかたわら野菜の研究も始めた。

矢野先生の身に、大問題が起きたのはそのころだった。

「だんだん体調が悪くなって、それまで平気で食べていたものが食べられなくなってしまったんです」

食べ物に敏感になり、自然農法に行き着く

それは、なんともふしぎな症状だった。

ひとつは発作の頻発。急に胸のあたりが内側から冷えて、震えがくる。だんだん心臓が動か

なくなるような感覚。しまいには脳に血が行かなくなって、脳貧血の状態になる。そういう発作が何度も起きて、矢野先生を苦しめた。また、なにかを口にすると気持ちが悪くなることもしょっちゅうだった。食べたいものを食べるように心がけたが、それでも気持ちが悪くなる。病院に行っても原因も治療法もはっきりせず、「自律神経失調症」と診断されるだけ。薬を飲んでも治らない。漢方に頼っても改善しない。30代前半の働き盛りの時期を、出口の見えないトンネルのなかで過ごした矢野先生。どんなに不安で孤独だっただろう。

しかし矢野先生は科学者である。状況を観察しよう、仮説を立ててみよう、実験を重ねて答えを見つけよう、という考え方が根っから染みついている。被験者は自分。食べるもの、その量や質、摂取するタイミング、などを様々に試した。そして、わかったことがあった。

「農薬を使って育てている野菜を食べると、気持ちが悪くなる」

なんと、矢野先生の体はいつの間にかものすごく敏感になっていたのだ。トマトが食べたいと体が欲しても、農薬を使って栽培されたトマトをいくら食べても満足しない。それどころか気持ちが悪くなり、吐き気がしてくることさえある。もしやと思って無農薬栽培のトマトを口に入れたら、「あぁ、これだ」と心身ともにやっと落ち着く。そういうことの繰り返しだったという。やがて矢野先生は動物性のもの、農薬や添加物などの化学物質が含まれているものを一切口にしないようになった。

「すると徐々に体調もよくなってきて。いまもその食生活を続けています」

矢野先生の穏やかな表情を見ながら、わたしはお土産に持参した市販のクッキーの詰め合わせのことを考えていた。やばい、あれは先生の体には合わない、どうしよう……（別れ際におずおずと差し出したら、「あはは、お気になさらず。私は食べられないけど学生たちが喜びますから」と言って受け取ってもらえた。ホッ）。

そのことがあって、矢野先生は自然農法の研究を始めた。

「私自身が理想の農業のやり方を見つけたいと思ったし、いいやり方があればその効果を実証したい。自分の役目はそれかなぁって」

謎の体調不良が、否応なく研究の方向性を変えたのだ。まったく生きていく途上には、いろんなことが待ち伏せしている。

ところが自然農法や有機栽培の優位性を学問的に裏づけるのは、めちゃくちゃ大変なことらしい。「無農薬野菜はおいしい、体にいい」と感じても、そのおいしさや健康への効果を測定する方法が確立されていないのだ。たとえば不耕起《ふこうき》のトマト畑、雑草を生やしたトマト畑、などいくつかのパターンで栽培して土の成分を測っても、数値の差がパキッと出るものではないと矢野先生は言う。

それに農学の研究費の多くは、収量が増えて病気に強い品種改良のために投じられる。だから自然農法や有機栽培を扱う学者はごくわずかしかいない。先行研究も少なく、言ってみれば異端の扱いだ。農学部の研究室で「食べると元気になる」とか「植物が喜んでいる」なんて言ったら、ファンタジーの世界を生きる変人だと笑われるのがオチなのだ。

それでも矢野先生は突き進む。２０１２年に山梨大学生命環境学部で准教授のポストを得てからも、有機栽培への科学的アプローチを続けた。フルーツ大国の山梨にはブドウやモモの減農薬栽培に取り組んでいる生産者もいて、先生の研究への期待も高かった。

「ずっと土の微生物に着目していたけど、どうも正解がわからない。土じゃないところにポイントがあるのかもしれない、となんとなく思い始めていたときに……」

登場したのである。

「土づくりなんてクソくらえじゃ」

そう、あのひとが。

「わしはレジェンドじゃ」

道法正徳、ただいま参上。

道法スタイルと科学の交差点を求めて

２０１７年、矢野先生は自然農法を実践している農家を見てまわるなかで、道法さんの名前を耳にする。気になったので、ちょうど長野で開かれた道法さんのセミナーを受講した。矢野先生はそのときの印象をこう語る。

「道法さんが学術的なはなしをするとき『そんなふうに言い切っちゃっていいのかなー』と疑問を感じることもありました。『土づくりなんてクソくらえ』もじつはかなり抵抗があります。あと『金儲け』ということばも私はあんまり好きじゃなくて。で、下ネタが炸裂したときは……これは耐えがたいと思いました」

わはは。ものすごく正直な感想に、わたしはうれしくなって身を乗り出す。そうだよね、女性がいる場で下ネタはいかん。昔はよかったかもしれないけど、いまはいかん。

「でも道法さんがせん定について説明するとき、はなしに筋が通っていてスッキリした気持ちになるんです。自分の目で確かめた現象に基づいて理論を組み立てる。そのうえで、ちゃんと売れる農作物をつくっている。これはそう簡単にできることではない。すごいと思いました」

長野のセミナーのあと、あいだを空けずに岐阜のセミナーにも出かけた。2回のセミナーではなしをたっぷり聞いたあと、矢野先生は道法さんに直談判した。

「道法さんの農業を研究させてください」

その年の秋から、道法さんは折を見て山梨に来るようになった。矢野先生のアレンジで、くだもの農家を集めての勉強会や大学の圃場でのせん定講習が行われている。

「矢野先生は、道法さんのやり方のどこにピンときたんですか」

と問うと、矢野先生はふたつの点を挙げてくれた。

ひとつ目は、樹形。

「私、道法さんに出会う前からずっと、樹は自然に伸びるのがいちばん美しいと思っていたんです。ふつう樹はまっすぐ上に伸びようとします。その思いをちゃんと叶えるのが理想の形だと」

道法さんに出会う5年前に山梨大学に赴任した矢野先生は、富士山や南アルプス、八ヶ岳に囲まれたこの土地がすぐに気に入った。だけど唯一、気になったことがあって、それが不自然にせん定されたモモの樹形だったという。モモの花がいっせいに咲く、ある意味で山梨がいちばん輝く季節がくるたびに「美しい」ではなく「かわいそう」と思えてしまうのだ。

道法さんに初めて会った日、矢野先生は自己紹介のあとで山梨のモモの樹のはなしをした。すると道法さんは打てば響くように、「樹がかわいそうじゃろ？」と言った。

「あぁ、このひとは樹の立場に立って考えるんだと思って、すごくうれしかったのをおぼえています」

従来の教科書には、せん定の基本はまず骨格となる枝（骨格枝）を決めること、そして骨格枝がほかの枝より太く丈夫に育つように管理するべしと書かれている。ときには、あとから伸びてきた枝に勢いがあり骨格枝が負けそうになることもある。それを「樹形が乱れる」と表現し、骨格枝よりも強くなりそうな枝を「弱らせる」ためにせん定をすべし、と説くのである。それに対して、「骨格枝なんか決めんでいい。元気な枝を残すせん定をするんじゃ」が道法流。

「弱らせるせん定と、元気な枝を残すせん定。目指す方向が真逆なんですよ。道法さんがせん定した樹は自然な形になる。たぶん道法さんは、樹形は人間が決めるものじゃなくて、樹自身が決めるものだと考えているんだと思います」

道法さんは「立ち枝」を重視する。立ち枝こそ、樹が自分自身を強くしようとしてまっすぐ上に伸ばしている枝だからだ。その考え方とせん定方法は、矢野先生の胸にすとんと落ちた。

「あぁこれは正しいに違いないと思いました。第一、立ち枝を切らない道法さんのミカンはおいしい」

そう言って矢野先生は笑った。この、極度に敏感な体質の、食べられるものがものすごく限られているひとが「おいしい」というのだから本当においしいのだろう。

矢野先生が道法スタイルを評価するふたつ目の理由は、「根についてちゃんと考えている点」だ。

「多くのひとは、地上部だけを見て樹が元気かどうかを判断しています。せん定について書かれた文献を見ても、根の生長に触れているものはほとんどない。だけど道法さんは、根を元気にするために芽が出る、と考えている。その視点は重要だと思います」

山梨大学で道法さんの公開講座を開いたとき、地域の果樹農家が大勢参加し、みんな道法さんのやり方を聞いて興奮して帰っていった。

「そのあとしばらく道法さんのはなしでもちきりでした。でも、実際に道法スタイルを取り入れた農家はいまのところほんのわずかです。生産者がこれまでやってきたせん定を真逆に変えるのは、ものすごく勇気もいるし、リスクも大きい。だからこそ研究者が率先して実験をして、効果を数値化すべきだと思いました」

矢野先生が始めた実験は、「道法さんのやり方がいちばんいい」と決めつけることはせず、従来のせん定と道法流のせん定をフラットに比較するもの。そのなかで植物の性質や生長の法則性を明らかにしていくのが最終目標だ。

「いつの日か、道法スタイルのデータが整ったら論文にまとめたいですね。それで学会発表を……じつは、道法さん自身に発表してもらうのがいいんじゃないかと密かに思っています、ふふふ」

道法さんが学会で登壇しているシーンを想像して、わたしと矢野先生は顔を見合わせてほほえんだ。さすがにそこで下ネタはないだろう。道法さんの農法が科学で裏打ちされたら、みんなアッと驚くだろう。樹がよろこぶだろう。その日を楽しみに待ちたい。

酪農から転身し、無肥料リンゴを模索する松村暁生さん

正直に言うと、道法さんに「安曇野《あずみの》の松村暁生《まつむらあきお》くんのはなしも聞いたほうがいいじゃろ」と言われたとき、一瞬「うーん、長野でリンゴかぁ」と思った。すでに戸隠の林さん一家の取材をしたあとだったので、「長野×リンゴ」はかぶるなぁと思ったのだ。それなら静岡のお茶農家とか沖縄のマンゴー農家を取材したほうが、バリエーションが出ていいんじゃないか、と。

だけど松村さんにお会いしてから15分も経たないうちに、わたしは自分のくだらない計算が本当にくだらないことを思い知った。ひとの人生に「かぶる」なんてことはありえない。「バリエーション出したい」ってなんだ、偉そうに。１００人のリンゴ農家がいたら１００通りのバリエーションがあるのだ。

なにより松村さんが朗らかに語る半生は抜群におもしろかった。森のなかにゲルを建てて住んでいる林さんとは別の意味でぶっ飛んでいる。さらには、これまでに道法さんから何度も聞いてきた「肥料はダメじゃ」のはなしがまったく別の角度から語られて、わたしはとても興奮した。

この冬の長野は雪が少なく、枯れ木や枯れ野がむき出しだった。曇天の昼下がり、松村さんの白いワゴンRで安曇野の山や畑を案内してもらいながら、わたしの脳内に「！」マークが30回くらい浮かんだ。まったくもって、道法さんの「あのひとのはなしを聞いたほうがいいじゃろ」の勘は鋭い。

牛を飼い、悩んでいたころ

「故郷はどこですかと聞かれるといつも困っちゃうんだよね。子どものころから転々としていて」

松村さんのことばに、さては転勤族の家の子かと思ったら「父は学生運動のリーダーで、そのあとひとりで出版社を興して、いまも本をつくっています。うちの両親は一時期、理想の農業を模索するヤマギシ会という共同体に入ってまして、ぼくはそこで育ちました」とニコニコとはなすから、いきなり「おお……」となった。

「当時の仲間には無理やり農業をやらされて嫌だったなんてやつも多いんだけど、ぼくは楽しかった。生みたての卵の温かさとか育てているトマトが大きくなっていく感じとか、農業の基本的なことが好きだったんだよね」

松村さんは迷うことなく農業の道を志す。とりわけ酪農に惹かれ、10代後半から三重や北海道の大規模な牧場を渡り歩いた。ときはバブル全盛、畜産の世界では牛の繁殖技術開発に大きな予算がつく時代だった。若い松村さんは現場での研究に没頭する。

「研究室のシャーレのなかで受精卵をつくって、お母さん牛に戻して産ませる。ホルスタインから和牛を産ませるとか、霜降りがたくさん入る但馬牛の血を入れて肉牛をつくるとかね。情報を集めて、あちこち勉強しにいって、おもしろかった。畜産の最先端をやってるんだって気概があったよね」

意気揚々と牛の人工授精に取り組む松村さんの心に暗雲が立ち込めたのは、20代も半ばを過ぎたころだった。

「いま思い出してもつらくなるんですよね、あのことは」

声のトーンがやや低いが、決して暗くならないのが松村さんだ。笑顔のままでつらい体験を振り返る。

「春になると青草を刈って牛に食べさせるんですけど、そうすると……あのね……バタバタ倒れるんです、牛が」

「えっ」

それは、牛糞を肥料にして育てた牧草が有毒になってしまう恐ろしい事態だった。数千頭の牛を飼う大規模牧場では毎日大量の牛糞が出る。どんどん出るので堆肥になるのを待っていられない。松村さんの勤務先でも、牛糞をほぼそのままの状態（＝生堆肥）で牧草畑にまいていたという。すると牛糞の窒素分は分解されないまま牧草に取り込まれる。これを硝酸態窒素《しょうさんたいちっそ》という。窒素には植物の生長を促す働きがあり、肥料の大事な構成要素のひとつだ。当然、牛糞をまいた畑の牧草はぐんぐん伸びる。でも窒素の比率が高すぎると、草に取り込まれたそれは有害物質になってしまうのだった。

「当時、そのメカニズムはわからなかったです。ただ、牧草を食べさせると牛がおかしくなるということだけがわかっていた。どうやら肥料が効きすぎているらしいとなんとなく思っていた」

　牛だって毒なんか食べたくない。だから最初は牧草に口をつけないらしい。でもそれしか餌がなければ仕方なくもぐもぐ食べざるを得ない。するとおっぱいが腫れて熱が出る乳房炎になったり、お腹のなかでガスが異常発生して４番目の胃がおかしな位置に動いてしまったり、恐ろしいことが起こるのだった。そのまま死んでしまう牛も少なからずいた。

「よその牧場では、濃い窒素分が地中に染み込んで地下水を飲ませただけで牛が倒れちゃったなんてはなしも聞きました。人間は浄水器を通した水を飲めばいいけど、牛なんて１日に何十リットルも水を飲むわけだからね」

初めて耳にするはなしに圧倒され、ことばを失う。そんな助手席のわたしをチラッと見て、松村さんはポツンと付け加えた。

「とくに免疫力がない子牛が弱くてね」

牛が好きで牛飼いになったひとにとって、それは耐えがたい日々だっただろう。

「これは自分がやりたかった畜産ではないなと思いました。27歳で結婚したんだけど、こんな仕事をしていて彼女を幸せにできるのかなとも思ったよね」

結婚相手は北海道の牧場で出会った女性だった。ふたりは北海道からも牛からも離れて新しい生き方を模索することにした。

ちなみにその後「家畜排せつ物法」が制定され、糞を畑に野積みするのはダメ、家畜の頭数に応じた堆肥場などの管理施設をつくるように、との法規制ができた。また最近は家畜の糞尿を利用したバイオガス発電も実用化されている。

「あのころ、牛糞がエネルギーになるって知っていたらぼくはまだ牛飼いを続けていたかもしれないですね」

と松村さんは笑う。人生の曲がり角はじつによく設計されている。牛飼いからリンゴ農家に転じた流れもおもしろいし、生堆肥で悩んだ経験こそが十数年後に道法さんの無肥料栽培と出会ったときに大きな意味をもつのだった。

肥料の怖さを思い知る

２０００年、松村さん夫婦は新天地の長野に移り住んだ。ひとまず安曇野の牧場に住み込みの仕事を見つけたが、それはあくまでつなぎのつもり。牛を飼う仕事からは足を洗って、なにか別のことを始めようと考えていた。

「一年目の冬、仲良くなった地元の農家からリンゴをもらったんです。肥料をほとんど使わずに育てているリンゴ。それがあまりにもうまくて、こんなリンゴ人生で初めて食ったと思って、グラッときちゃった。この味のリンゴをつくる仕事なら一生かけてもいいかなぁと」

それで、妻の輝美《てるみ》さんに切り出した。

「リンゴつくらない？」

対する妻の第一声は、

「うーん、リンゴかぁ。私はくだものでモモがいちばん好きなんだけど」

それで松村さんは即決した。よし、リンゴとモモの農家になろう！　そこから２年間、宅急便配達をしてお金を貯めた。リンゴとモモをメインに、あと少しだけ野菜もつくる農業を始めたのは２００３年のこと。

当初、松村さんは肥料の怖さをそれほど認識していなかった。その時点では例の牛の衰弱と肥料との関係もはっきり解明されていなかったし。だからとりあえず化学肥料は避けて、鶏糞を使うことにした。しかしあるとき、肥料のパワーが予想以上に強力なことを思い知る。

「畑に鶏糞をまくとき、まず一箇所にどーんと積んで、そこから全体にまいていくわけ。最初に積んだ場所にどうしても窒素分が残るんですよね。そこに小松菜なんか植えると圧倒的に生長が早い。そしてものすごく虫がつくんです。キャベツなんか植えるともう虫食いだらけ」

虫は、肥料をたくさん吸収した野菜を好むことが経験としてわかってくる。もし殺虫剤を使わずに育てたいなら肥料をやめなければならない、という決断に迫られた。

「ほら」

とはなしの途中で、運転席の松村さんが言った。

「このあたりが安曇野でいちばん低い場所ですよ」

車はいつのまにか街道をそれて、冬田の真んなかを走っていた。雲が垂れ込めた空を数羽の鷺が横切っていく。

「土地が低い場所ほど、地下水の硝酸態窒素の値が高いんだよね……」

松本盆地の一角にある安曇野は、四方を山で囲まれている。周囲の果樹園、畑、田んぼで使う肥料の窒素分が地中に染みこんで、いちばん低い場所で濃度が高くなってしまうのだという。安曇野は昔から名水の里として知られており、ワサビ栽培やニジマス養殖などきれいな水を必要とする産業が根づいている。市民は水が汚れることに敏感だ。近年、安曇野市にとって肥料による水質汚染は大きな問題となっている。

「ぼくも安曇野に住まなかったら、肥料の怖さをここまで意識しなかったと思う。窒素による水質汚染のはなしを聞いたときアッと思った。あの倒れていった牛たちが頭をよぎりましたよ、やっぱりね」

安曇野で農業を始めてしばらく経つと、松村さんのなかでいろんなことが結びついていった。青草を食べて倒れた牛たち、鶏糞置き場に植えた小松菜に群がる虫、安曇野市が抱える地下水の汚染問題……それらは松村さんにひとつのことを告げていた。なんとしても肥料を使わない農業を目指さなければ。化学肥料はダメだけど有機肥料ならいい、というはなしではなかった。どんな肥料も問題を引き起こす。それはまちがいないことに思われた。

あぁ、だけど。理想と現実のあいだには深い川が流れている。

「肥料を減らすと虫の被害は明らかに軽く済む。でも肥料が足りないとリンゴの実が大きくならないんだよね。それに肥料をあげないでいると、だんだん樹が弱って枝が伸びなくなっちゃうんです」

それでも松村さんは肥料に頼りたくなかった。調べれば調べるほど、肥料のデメリットばかり見えてくる。土は硬くなる、温室効果ガスが出る、農作物が腐りやすくなる、苦味やえぐみの原因になる……。それでもリンゴが育たないと売り物にならない。

「５、６年はもがいてました。孤独で、出口が見えなくてねぇ」

ことばとは裏腹に、松村さんはあくまで明るい口調だ。窒素分がない籾殻《もみがら》を土に混ぜ込むなど、試行錯誤を繰り返したという。

「どう考えても肥料はやめたほうがいいんだけど、もう困っちゃってねぇ」

そんなときだ、あのひとが安曇野にやってきたのは。

答えは樹が教えてくれる

２０１６年９月、自然栽培全国普及会の中部ブロック大会が安曇野で開かれることになり、その講師として招かれたのが道法さんだった。

「いやもう、はなしを聞いて、びーっくりした！」

松村さんは顔全体をほころばせ、その衝撃を語ってくれた。松村さんが腰をぬかすほど驚いたのは、枝を上向きにせん定すると植物ホルモンが活性化して肥料なんかなくても樹が強くなる、というはなし。

「初めて聞いたよー。自然栽培の世界で植物ホルモンのことをはなすひとなんてそれまでいなかったから。もちろんぼくは立ち枝をブチブチ切っていた。いくら肥料をやめたってうまくいかないはずだよ」

その日、安曇野は雨だった。

すべての講義を聞き終えるころには、日がとっぷりと暮れていた。松村さんは会場を出ると、興奮冷めやらぬままリンゴ畑に向けて車を走らせた。フロントガラスを9月の雨が叩く。それでも、家に戻る前にどうしても自分が育てているリンゴが見たくなったのだという。

「あの年は雨が多くてね。雨が多いとリンゴの葉っぱにカビの病気が出やすいんです。うちは殺菌剤を減らしていたからずいぶんやられて、すでに葉っぱも落ち始めてた、まだ9月なのに」

リンゴの品種はふじ、収穫までまだ2か月もあった。収穫ギリギリまで葉っぱが残って光合成をしてくれないとリンゴの味は悪くなる。思いのほか早い落葉は、味が落ちてしまう予兆だった。

「仕方ないな、今年の出来はいまひとつだろうな、と諦めてた。でもとにかく道法さんのはなしを聞いて熱くなってたから、そのまま畑に行ってみたんです」

畑の脇道に車を止めて、雨に濡れるリンゴの樹を見上げ……

「あれえっ！」

松村さんは目を疑った。改めて見ると、下向きの枝の葉は落ち始めていたが、上向きの枝の葉は全部残っているではないか。なんとなんと、ついいましがた道法さんから「立ち枝が樹を強くする」と習ってきたばかり。松村さんのリンゴの樹は、ちゃんとその教え通りの姿をしているのだった。同じように長雨を浴び、同じようにカビ菌が蔓延しているのに、下向きの枝と上向きの枝では健康状態がまったく違っている。

「あぁ、樹はちゃんと教えてくれていたんだ……」

松村さんはひとり畑に立ち尽くし、胸を熱くした。

「ぼくは樹に謝ったよ。ごめんなさい、ぜんぜんわかっていませんでしたって」

松村さんはわたしを実際にリンゴ畑に連れていってくれた。そして、はにかみながらあの夜の自分を再現して、樹に向かって頭を下げてみせた。

答えは樹が教えてくれる。だが多くの場合、人間のほうにそれを察する力がない。松村さんほど農業と深く誠実に関わってきたひとでも、樹の答えを読むのはむずかしいことなのだ。

「肥料をやめる、農薬をやめるってことを自己満足のために無理に通そうとしても、リンゴの樹は絶対に思い通りになってくれない。自分のエゴにとらわれているうちは樹の観察もちゃんとできないんだなって。ホント恥ずかしいはなし」

松村さんからこの一件を報告された道法さんは、腕を目に当てる仕草をして、

「ううう……ええはなしやなぁ」

と泣き真似したらしい。フハハ。

そこから3年かけて、松村さんはリンゴのせん定を変えていった。約５００本のリンゴの樹はぐんぐん元気になり、肥料をやらずとも収量、味ともに納得のいく状態になった。なによりも、もう迷わなくていい、これが樹から教えてもらった答えなんだ、と思えることが松村さんの表情を明るくしている。

「いくら希望を抱いて農業をやったとしてもさ、自分の行為がなにかを壊しているとなったら誇りをもってできないよね」

思えば、それがいちばんつらいことだった。そのつらさを抱えている農業者がいたら一緒に道法スタイルを学びたい。松村さんはいま地元で勉強会を開いている。

「まだメンバーは数人しかいないんですけどね。道法さんに言われるんですよ。『松村くん、ちゃんと儲けてくれよ。ベンツとは言わんがＢＭＷくらい乗ってくれ』って。ハハハ」

笑いながら白いワゴンＲに乗り込んで、駅まで送ってもらう。誇りをもってできる農業、そして儲かる農業。その両輪が揃えば、農業の未来は明るい。

帰りの特急あずさで、お土産にもらったリンゴを食べた。皮を剥かずに食べられる、というより皮の部分こそがおいしいと聞いて、丸かじり。松村さんが人生を賭けてつくってきたリンゴの味を噛みしめた。絶品だった。

震災後の福島で、
電力およびワインをつくる
山田純さん

2月の土曜日、東京・青山に早春の光がキラキラと降り注いでいた。ワインパーティーの会場は、外苑西通りに面した小粋なレストラン。やや緊張しながら扉を開けると——

「どうもどうも、ようこそいらっしゃいました」

ワイナリーの社長である山《やま》田《だ》純《じゅん》さんがにこやかに出迎えてくれた。今日はスーツではなく赤いセーター姿で、お祝い気分を引き立てている。

案内されたテーブルにはすでに数人のおじさんが着席していて、聞けば電気通信事業の専門家や技術者だとか。おじさんたちは笑顔で言った。

「山田さんとは、30年近いつきあいになるかなぁ」

そうなのだ。山田さんはもともと電気通信のエキスパート。世界を股にかけて、通信ビジネスの最先端を走っていた過去をもつ。

やがてみんなのグラスによく冷えた白ワインが注がれた。去年の秋に収穫されたブドウでつくられた、できたてホヤホヤの新酒。このワインこそ、今日のパーティーの主役だ。いざ、乾杯。おぉ、フレッシュな酸味。それでいて味に奥行きがある。会場から歓声が上がった。

「おいし〜！」

山田さんは「あぁ、よかった」と安堵の表情を浮かべた。山田さんのワインづくりはまだ2

シーズン目、始まったばかりだ。文字通り「畑違い」のところで生きていた山田さんは、いかにしてブドウ畑のひととなったのか。

電気通信工学にどっぷり浸かっていたころ

山田さんは、1956年に福島県福島市で生まれた。

「子どものころから、ハンダづけとか無線とかが大好きでした」

正統派エレクトロニクス少年だ。正統派の道を突き進み、東京大学の工学部電気電子工学科で学んだのちに松下通信工業（現パナソニックモバイルコミュニケーションズ）に入社する。ときまさに、携帯電話の開発競争まっただなか。山田さんは自動車電話の開発・製造・販売に携わった。そうそう、いまのように誰もが携帯電話をもてる時代が到来するほんの少し前は、政治家が使うハイヤーや24時間たたかうビジネスマンの社用車にだけ自動車電話が設置されていたのだった。当時を振り返る山田さんのややはにかんだ表情からは、日進月歩の現場で過ごした刺激的な日々への郷愁と誇りが感じられた。

18年ほどパナソニックで働いたあと、山田さんはクアルコムというアメリカの会社に転職する。

「いまみんなが使っている携帯電話やスマホの端末と基地局のあいだには電波が飛んでいるわけだけど、クアルコムはその電波に効率的にたくさんの情報を乗せる技術をもっていた。ぼくは、その技術に惹かれたんです。これは世界に広める価値があるなと思った。当時クアルコムはまだ小さな会社で、正直どう転ぶかわからなかった。たぶんパナソニックの仲間たちは『先行きのわからない外資系企業に転職するなんて理解できない』って思ってたでしょうね、ハハハ」

天下のパナソニックをやめるなんてもったいない、と考えるひともたくさんいるだろう。でも山田さんは「やってみたいことをやる」を貫いた。カリフォルニア州サンディエゴにあるクアルコム本社と日本を行き来しながら、日本法人の立ち上げを担い、のちには代表も務めた。

「事業は順調に進んで、非常にエキサイティングな仕事でしたね」

そう言って山田さんはほほえむ。穏やかな表情のまま続けた。

「そして2011年に東日本大震災と原発事故が起きました」

福島に脱原発の電力会社をつくる

福島第一原子力発電所の事故は、福島出身の山田さんの人生を大きく揺さぶった。

「当時は母が郡山でひとり暮らしをしていましてね。震災直後は横浜の自宅に呼び寄せました。少し落ち着いてから母は郡山に戻りましたけど、そのあともぼくは福島の実家を頻繁に訪ねるようになりました」

福島では、地元のひとも外部からの支援者も復興のためになにができるかを必死に模索していた。その様子を見て、山田さんもなにか自分にできることはないかと考え始めたという。

そんなときに出会ったのが、佐藤彌右衛門《さとうやうえもん》さんだった。福島県喜多方《きたかた》市で江戸時代から続く造り酒屋「大和川《やまとがわ》酒造店」の9代目当主。リーダーシップがあって、行動力があって、なによりも「やってみたいことをやる」を貫く姿勢が山田さんと似ていた。

「なんだかね、彌右衛門さんとは波長が合いましたよ最初から、ふふ」

原発事故のおかげで、土地が失われ、産業が失われた。ふるさとを追われた「原発難民」は16万人。官民双方からさまざまな支援の手が差し伸べられてはいたが、自分たちでちゃんと新しいビジネスを興していかないと未来はない、というところで意見が一致した。未来の福島のために、一緒になにか始めよう。さて、なにをやろうか。彌右衛門さんと山田さんが出した答えは、

「脱原発の電力会社をやろう」

カーッ、かっこいい。かっこよすぎる。

「電気がどこでどうつくられているのか、われわれはまったく知らなかったんだよね、あの事故が起きるまで」

と、山田さんは電力会社をつくった背景を語る。

福島の巨大な原子力発電所が首都圏の暮らしを支えていたことも、それが１回爆発するだけでこれだけの惨事が引き起こされることも、一切意識せずに生きてきてしまった。そもそも電気ってなんだ？　どうやってつくられているんだ？　疑問はどんどん根本的になっていった。

「電気というものをちゃんと実感してみたい、と思ったわけ。それなら自分たちでつくってみたらいいんじゃないかって」

ここで「自分で電気をつくってみよう」と発想するのが元エレクトロニクス少年の脳みそ、なのか。ちょうど２０１２年７月に再生可能エネルギー普及のために固定価格買取制度ができたことも大きかった。これは太陽光、風力、水力、地熱、バイオマスのいずれかを使い発電され

た電気を、国が定める価格で一定期間（基本は10～20年間）電気事業者が買い取ることを義務づける制度。

「この制度を利用すればビジネスとして成り立つんじゃないかと。仲間うちに屋根の上に乗せるソーラーパネルの敷設事業をやっていた人間もいたから、よーし一丁やってみるかって。うん、割とすぐ決断しました」

　2013年8月、会津電力株式会社が設立された。ホームページには「エネルギー革命による地域の自立」という理念が掲げられている。「福島の脱原発はイデオロギーではない」の一文も強く、重く、胸に響く。初代社長は彌右衛門さん。当時、山田さんはまだクアルコムジャパンに籍を置いており、二足のわらじを履いてのスタートだった。

「あっという間に7年経ちましたねぇ。太陽光発電から手をつけたけど、小水力発電なら山間部でもできるんじゃないか？　木材のチップを使ったバイオマスもいいか？　風力発電もやってみようか？　と事業拡大していきました」

　現在は山田さんが社長を引き継ぎ、彌右衛門さんは会長職に。10数名の社員がいる。つくった電力は全部、東北電力の送電線につないで買い取ってもらっており、黒字経営が続いている。目下の課題は、20年間の固定価格買取期間が過ぎてから、つくった発電所をどのように地域で活用するか。未来のために始めたプロジェクトだから、現在の黒字で満足するわけにはいかないと山田さん。

「だけどわれわれは別に、大きくて効率のいいものを求めるわけじゃないんです」

と、そこははっきりしている。会津電力は88の発電所をもち（2020年3月現在）、その合計発電量は6・1メガワット。世のなかにはたった一基で10メガワット以上の電気をつくりだす大規模な太陽光発電所もあるので、88基の合計が6・1メガワットというのはどれだけ「小さいのがたくさん」なのかがわかるだろう。これを小規模分散型というらしい。

「もちろん大きな発電所をドカンとひとつ設置したほうが経済効率はいい。だけど県内のいろんなところに小さい発電所をたくさんつくるほうが、自然エネルギーとはどういうものかをみんなに知ってもらう機会が増えるでしょ。それにもし20年で設備投資が回収できたら、その後は電気代のことをあまり心配しなくてもいい小さなコミュニティが各地にできるかもしれない。そしたらおもしろいよねぇ」

山田さんはうれしそうに言った。人類が大きくて集中的で効率のいい発電を目指して目指して目指した先にあったのが原子力発電所だ。それとは正反対の道を行くのが、会津電力なのだ。

電気の次は、ワインをつくろう

会津電力でもっとも大きな雄国《おぐに》太陽光発電所は喜多方市の高台にある。発電所の隣には、耕作放棄された農地が広がっていた。もとは棚田をつくるために開墾された土地。かつては水田として利用され、あるいは蕎麦が植えられていたこともある。だが粘土質で硬い土は農業に不向きで、過疎化も進み、農地はそのまま放置されていた。

「もったいないから、ここでなにかやろうか」

会津電力の仲間が、誰からともなく言い出した。

「ブドウ畑にして、ワインでもつくるか」

喜多方はもともと造り酒屋が多い町だ。豊かな水と米に恵まれて江戸時代初頭から酒造業が盛んになり、多いときには30軒ほどの酒蔵があったという。現在も11の酒蔵ががんばっていて、彌右衛門さんの大和川酒造店もそのひとつ。味噌や醤油の醸造も地場産業として根づいているし、ビールの原料のホップを栽培していた時期も長い。

「土地の知恵を結集したらワイナリーができるんじゃないかって、みんなで盛り上がったんです」

と、山田さんは振り返る。どこにも経験者はいないけど、そもそもゼロから電力会社をつくっちゃったチームだから、やたらと積極的だ。まずはブドウ栽培の達人とワイン醸造の達人をどうにかして仲間に引っ張り込み、一から十まで教えてもらう作戦でいくことにした。ワイン醸造に関しては、隣の新潟県で評判のいい自然派ワインを手がけていたワイナリー「レスカルゴ」の阿部《あべ》宗毅《むねき》さんが協力してくれることになった。そしてブドウ栽培のほうは……

「仲間のひとりが見つけてきたんです。おもしろい果樹栽培のプロがいるから、お願いしてみたらどうかって」

それが道法さんだった。おぉ、ついに登場だ。

２０１５年の春、道法さんは喜多方にやってきた。

「いやぁ、道法さんもよくこの素人の集まりに足を運んでくれたと思うよ」

苦笑しつつも、その日初めて聞いた道法さんの農業理論に惹きつけられたという山田さん。

「すごく納得しました。ま、そもそもほかのやり方を知らないんだけどね、ハハハ。『もう道法さんのやり方でいいですから、喜多方でブドウをつくってもらえませんか』とお願いしました」

ただ、ワイナリー計画をスタートさせたばかりの山田さんたちには、道法さんに十分な指導料を支払えるほどの資金力がなかった。その旨を申し出ると、道法さんはニヤリと笑ってこう返した。

「じつは私もブドウを一からつくったことはないんじゃ。ただミカンもブドウも原理は同じじゃから、絶対うまくいきます。私にとっても道法スタイルでブドウを育てるいい経験になるんで、通常より安い料金でお引き受けしましょう」

２０１５年の秋、道法さん立ち会いのもと最初のブドウの苗木が植えられた。まずは、わずか２ヘクタールの小さな畑。そもそもこの土地がブドウに適しているかどうかもわからない。山田さんたちは苗木を一本一本、祈るような気持ちで植えつけた。その後も道法さんは定期的に喜多方を訪ねて、ブドウ栽培を細かく指導している。そして２０１６年、ワイナリー事業のための「アイプロダクツ株式会社」が設立された。現在、山田さんは会津電力とアイプロダクツのふたつの会社の社長である。アイプロダクツのアイは「愛」なのかなぁと思ったら、「会津のアイです」とのこと。

手間をかけると、道法さんに叱られた

さて、ブドウの苗を植えてから実がなるまでには数年を要する。そのあいだにさまざまな葛

藤があった。

「しばらくして、やっとよそのブドウ農家やワイナリーを見てまわる余裕が出てきて。そしたら、自分たちのやり方がほかとぜんぜん違っていることがわかった！」

と山田さんが言うので、わたしはゲラゲラ笑ってしまった。道法スタイルを取り入れている多くの農家は、それがいかに既存のやり方と違うかを理解した上で思い切って方針転換するパターンだ。でも山田さんたちは、知識ゼロの最初期に道法スタイルに出会った。だから、やり始めてしばらく経ってからようやく自分たちの独自性に気づいたのだった。

「よそのブドウ畑を見ると、幹の先で枝がきれいに二股にわかれて伸びていて、葉っぱのあいだから空が適度に透けて見えて、いかにもブドウ棚って感じのいい雰囲気なんだよ」

なーんて、山田さんが羨ましそうな口調で言うから、わたしはさらにゲラゲラ。

「でもうちのブドウの枝は全部、できるだけ上のほうに向くように束ねて、伸びる枝は一切切らずに葉っぱがもじゃもじゃ茂ってる。これでほんとに大丈夫かなって思ったよねぇ」

道法さんはミカンの樹で会得した「縛り」と「立ち枝重視」をブドウに応用したのだった。

しかし喜多方のスタッフたちは、一日でも早くブドウの樹が育って実がなるようにと願うあまり、つい手間ひまをかけたくなる。そのたびに道法さんから「余計なこと、せんでええんじゃ！」と叱られたという。いくらなんでも葉っぱがもじゃもじゃ過ぎると心配した畑の担当者が、少しだけせん定しようとしたら、道法さん曰く「切らんでいい！」。粘土質の硬い土を少しでも柔らかくしたほうがブドウの根が伸びやすいだろうと土を掘り返したところ、道法さん曰く「根っこが硬いところに当たったら植物ホルモンが出るって言うたじゃろ。掘り返した土、全部戻せ！」。ブドウはつる性の植物だからつるの先をワイヤーにくるくると巻きつけたほうが元気になるとの情報を得たスタッフがそのように仕立てたら、道法さん曰く「誰がこんなことしたん？　これは最悪のやり方じゃ。ぜーんぶ、やり直し！」。

山田さんも笑いながら回想する。

「みんなだんだん気づいていったんです。あぁ、そうか、自分たちの畑は相当変わってるんだ、一般的なブドウ畑を参考にしても意味がないんだって。正直言って半信半疑でしたよ、私も。でももういまさらあとには引けないから、道法さんを信じて突き進むしかないと腹を括りました」

ちなみに山田さんの畑では肥料を一切使っていない。農薬は少し使う。人間たちのやきもきをよそに、ブドウの樹はすくすくと育っていった。そうして苗を植えてから丸３年経った２０１８年秋、ついにブドウの実がなった！

「収穫したら、ほんの少しだった。でもとりあえず新潟のレスカルゴの阿部さんのところに持っていって醸造してもらいました。瓶にしてわずか50本くらい。ワインとして味は悪くない、ということが確認できました」

そして２０１９年。2シーズン目は瓶５００本分のワインができた。前年の10倍の収穫量だ。冒頭のワインパーティーでわたしも試飲させてもらったが、じつにいい出来栄えだった。

「いや、ほんとによかったです。いまでも道法さんのやり方が１００％正しいのかどうかよくわからないです、ふふふ。でも結果は出ている。これでいけそうだという感触もある。だから道法さんのフィロソフィーに乗っかっていくつもりです」

山田さんは情熱的に、同時に理性的に、状況を見極めているようだった。おそらく通信事業に邁進したときも、電力会社を立ち上げたときも、こうやって人生を切り開いてきたんだろう。さらにブドウの耕地面積を広げ、醸造の免許もとって自社で生産できるように態勢を整えていく予定だという。

「もともと、ものづくりが好きだからね。楽しいです」

その大胆な括り方が印象に残った。たしかに電気も畑もワインも「もの」である。

さて、最後に宴もたけなわのワインパーティー会場に戻ろう。わたしはここでとても興味深

いはなしを聞いた。喜多方のブドウの醸造をサポートした新潟のレスカルゴの阿部さんが、

「道法さんのはなしに感化されて、うちの畑のブドウの枝を半分切り落としちゃったんですよ」

と言うのだ。2年前まで阿部さんの畑のブドウたちは、一般的なブドウ畑と同様に幹の先で枝を二股にして伸ばす仕立てになっていた。が、喜多方の畑で展開される道法さんのやり方を見ているうちに「こっちのほうが、ブドウの樹が元気になるんじゃないか」と思えてきた。それで、すでに10年以上かけて大きくなっていたブドウの樹の、片方の枝をバッサリ切り落とした！

「えーっ、すごい決断。それでどうなったんですか」

「結果的には、枝は半分になったのに収穫量は倍増しました」

「おお……」

阿部さんとわたしが立ちばなしをしているのを見つけて、ホスト役の山田さんが近づいてきた。

「阿部さんのブドウ畑のはなしもおもしろいでしょう。なんだかみんな、どんどんおもしろいことになってきてるんですよ」

ブドウのつるは伸びていく。ひとはひととつながっていく。おもしろいことは無限にある。

ちょっといっぷく3

自然農法とか有機農業とか

うちの母は昔から無添加や有機栽培にこだわるタイプで、2歳下の弟もほぼ塩化ナトリウムでできている食卓塩や遺伝子組み換え飼料で育ったアメリカ産牛肉などをきっぱりと排除して暮らしている。おかげでわたしも無農薬のお米や、オーガニックの味噌や、パスチャライズ製法の牛乳がおいしいことを知っている。

だけど正直に言うと、日々のわたしの食に対する意識はすこぶる低い。基本的にずぼらで、子もおらず、経済力もない。だから「オーガニック、いいね」なんて言いながら、実際には体と環境に悪そうなものをガンガン食べている。わたしの体は、遺伝子組み換え大豆と成長ホルモンを投与された牛の肉からつくられていると推察される安酒場の肉豆腐や、農薬まみれの大量生産ブドウを使わないとこの価格は実現できないだろうと思われる安ワインなどでできているのだった。とほ。

さて、気を取り直して。

化学肥料や農薬に対して懐疑的な農業はいつ始まったのだろう。それを調べると必ず岡《おか》田茂吉《だもきち》さんの名前が出てくる。もともとは無神論者だったが妻子を立て続けに亡くしたことから信仰に救いを求め、ついには自ら世界救世教を興して教祖になったひとだ。その岡田さんが、１９３５年に無肥料・無農薬の農業を提唱した。

それから『わら一本の革命　自然農法』という本で知られる福岡正信《ふくおかまさのぶ》さん。写真を見ると白いあごひげを長く垂らして仙人のようなお顔をしている。もともと横浜税関植物検疫課の研究室で働いていた理系の青年だったが、病を得て生死の淵をさまよった挙句に「この世には、なにもない」と悟り、勤めをやめて不耕起、無肥料、無除草を追求

する農業者になった。これも１９３０年代のこと。『わら一本の革命』の帯には「〈現代の老子〉が語る無の哲学と実践」とある。

つまり、なんというか、自然農法は当初から宗教っぽい。それは偶然ではないだろう。人間の知恵や力の到底及ばないところに自然の大きなルールがある、と考えることから土や虫や草をリスペクトする姿勢が生まれたんだと思う。わが物顔で地球を支配しようとする現代人たちに背を向けて生きる。それってパンクだ。そもそも「害虫」とか「雑草」とか人間本位の呼び方なんてクソくらえだ。と胸が熱くなる（まぁだけど宗教もまた権威だしなぁ……とちょっとひるむ気持ちもある）。

戦後になると大量生産・大量消費、繁栄バンザイの時代が大手を振ってやってきた。農業も例外ではなく、１９６１年に農業基本法が制定されると、国も農協も化学肥料や化学合成農薬の使用をぐんぐん推し進めた。各地で公害が問題となり、農薬や添加物や薬剤の取りすぎによる健康被害もぞろぞろ出てくる。生産者にも消費者にも「こんなの絶対いいわけないよ」と思うひとが現れて、１９７１年に誕生したのが日本有機農業研究会だ。

有機農業とは、農薬や化学肥料を使わない農業のこと。いまでこそ法律まで制定されて（有機農業の推進に関する法律、２００６年）市民権を得ているが、当時は主流から大きく逸脱したけったいな農法だと認識されていた。「おれ、無農薬でいこうと思う」などと口走ろうものなら奇人扱いされ、近隣の農家に「お前んとこが農薬をまかないおかげでうちの畑まで害虫が増えたら、どうしてくれるんだ」と文句を言われるのがつねだった。そういえば、キリストも釈迦も最初は迫害されたんだった。

農薬や化学肥料を使う一般的な農業のことを「慣行《かんこう》農業」という。それと相容れない自然農法や有機農業をまとめて「非・慣行農業」とするならば、「非・慣行」の幅はじつに広い。

・畑に一切の鍬を入れず草むしりもしない

・草と落ち葉で堆肥をつくって畑に鋤きこむ
・魚粉や鶏糞など天然由来の肥料を使う
・無農薬ではなく減農薬を目指す
・田んぼで合鴨を飼って害虫を食べてもらう

などなど。程度も組み合わせも自在なので、農家の数だけ方法があるといえる。ちなみに道法さんの基本姿勢は、「有機肥料だろうが化学肥料だろうが肥料は一切やらない。土づくりにも価値を置かない。ただし苗木には農薬をやる。弱ったら酵素もやる。あとはせん定と縛りで植物ホルモンを活性化させる」だが、これも現段階でたどり着いた指針であって、今後はさらに進化するかもしれない。

非・慣行農業に踏み出したひとたちが共通してもっているのは、「みんなと同じことをやっていれば安心」を脱することの怖さと自由さだと思う。そこにあるのは試行錯誤のドキドキや理想を目指す高揚感。そして膨大な苦労。やっと出た芽が虫にかじられてうなだれ、収穫前に病気が蔓延した畑を前に涙し、きっと家族のなかで喧嘩になったりしただろう。慣行農業のように販路が整っているわけではなく、手間をかけた割には儲からないのもつらいところだ。もっと行政も消費者も持続可能なことを応援したらいいのに。なーんて偉そうに書いてハッとする。自然食品のお店で有機野菜を手に取っても、値札を見てそっと棚に戻すのがわたしなのだ。とほ。

非・慣行農業の理想と現実に想いを馳せるわたしの目の前に、道法さんの屈託のない笑顔がぬっと出た。

「あんなぁ、私には思想なんてない。世のなか、これじゃ（指で輪っかをつくる）。銭儲け」

わは、そうきたか。このひとは、土への信仰とか、生きとし生きるものへの慈愛とか、地球を守るとか、そういう高尚な物言いをピョーンと飛び越えて、農業のおもしろさを説く。

「銭を儲けた上で、好きな農業をしたらいいんじゃ」

兵庫・丹波に住まう
農の達人
橋本慎司さん

兵庫に住む橋本《はしもと》慎司《しんじ》さんから届いたメールは、だいぶ意表をついてきた。こちらから送った「有機農業に興味をもったきっかけはなんですか」の質問に対する回答は「中学生のころ、有吉佐和子さんの『複合汚染』を読み……」から始まっていて、まぁ、そこまではいい。続けて「高校時代にブラジル・リオデジャネイロでスラムの貧困に触れ、大学時代に東京から広島まで野宿しながら歩いて自然の生活に憧れ、福岡正信さんの『わら一本の革命』に感銘を受けて彼のもとを訪ねて、ガンジーの非暴力運動について調べるなかでインドの森に住む老人に会って影響を受け……」。

わー、なんだなんだ。スラム、野宿、福岡正信、ガンジーって物語の要素が多すぎる。わたしはすぐに返信を書いた。「会っておはなしを聞かないと、とても原稿が書けません」。兵庫は兵庫でも橋本さんがいるのは丹波の山奥で想像以上に遠かった。そしてお会いして聞いた橋本さんの人生は、想像よりさらにさらに濃厚だった。

反骨の少年、世界を知る

橋本さんは１９６１年に広島で生まれた。

「海沿いの矢野という町。道法さんが生まれ育った島から車で1時間くらいのところでねぇ。だから道法さんに初めて会ったとき、すっごい懐かしい気がした。広島弁で下ネタやらわーわー言う感じがね、あぁ、こういうおっちゃん、広島のお好み焼き屋におるなぁと思ってうれしかった」

ご両親は被曝の体験をもつ。1945年8月6日、中学生だったお父さんは広島駅前で爆風を浴び、お母さんは疎開先にいたが原爆投下数日後に入市被爆している。その後ふたりとも、焼け跡からの復興を期して奮闘した。「大量生産、大量消費に突き進んだ世代だよねぇ」と橋本さんは苦笑する。お父さんは大学の工学部を出て造船会社に就職し、お母さんは息子を小学生のころから塾に通わせ中高一貫の進学校に入れた。その結果……

「ぼくは子どものころから、いろんなことにすごく疑問を感じてたの。朝から晩までケツ叩かれて勉強することになんの意味があるんや。一生、勤労に明け暮れる人生なんてアホくさ、とかね」

世間一般の善悪の基準をいちいち疑うひねくれ少年が誕生してしまった。橋本さんが高校2年生のとき、お父さんはブラジルとの合弁ビジネスを担当することになり、リオデジャネイロ転勤の辞令を受けた。

「親父は単身赴任でブラジルに行くつもりだったけど、ぼくはもう日本は嫌だから一緒に連れて行ってくれと頼んで、ブラジルの高校に行ったんです」

リオに着いた最初の日、家族でレストランに入ったら物乞いが寄ってきた。その衝撃を忘れられないという。

「言ってみればそれが、世界には食糧問題があることを初めて知った瞬間だった」

橋本さんは英語とポルトガル語を必死で習得した。ブラジル人のおおらかさにずいぶん救われた一方で、北米や南米で東洋人に対する差別を経験し、悔しい思いをしたという。

「そんなとき、出てきたのよ、あのひとが」

うれしそうに挙げた名前は、映画『燃えよドラゴン』で世界を席巻したブルース・リー。スクリーンのなかで白人を投げ飛ばす小さな東洋人に、橋本さんの胸は高鳴った。そして空手を始めた。きっと同じころ、世界のいろんな場所で少年たちが空手や拳法や武術を始めたのだろう。多くの場合その熱はやがて冷めるのだが、橋本さんは違った。空手にどハマりした。才能もあった。メキメキと頭角を現し、ブラジルのトーナメントで準優勝してしまったのだ。そのまま東京の国際基督教大学（ＩＣＵ）の空手部に凱旋帰国。

「もう日本になんて戻るもんかと思ってたのに、日本で自分の空手の実力を試してみたくなっちゃってねぇ」

大学時代は空手に明け暮れ、関東学生リーグ3位に上り詰める。さらに「足腰と胆力を鍛えるために」東京から広島の実家まで、徒歩と野宿で帰省するという冒険までやってのけた。

「駅とか橋の下に寝て、汚れたら川で水浴びて、お腹が空いたら畑のもん失敬したりしてな、わはは」

街道をゆく、武者修行の若者。なんだか少年漫画の主人公みたいだ。

「どこでも寝られるし、どこでも食べられるとわかった。それまで『生きていくためには、あれも必要や、これも必要や』と考えとったけど、世界にはすべて揃ってると思ったわけ。旅が終わってから友だちにそのはなしをしたら『お前、気が狂うとる』と笑われたけどね」

ちょうどそのころ自然農法を実践する福岡正信さんの著書『わら一本の革命』が話題になっていて、橋本さんも読んでみた。

「人間は化学肥料を生み出したけど、それは悪循環をも生み出した。自然の循環をわかっていれば、なにもなくても食料はつくれるって書いてあった。おー、自分が旅で感じたことと同じやと思ったわけ」

橋本さんはすぐさま愛媛県にあった福岡さんの畑を訪ねたらしい。しかも電話をしたら断られたのに、無理やり押しかけたらしい。どこまでもずんずん行動派だ。福岡さんは白いあごひげを生やして仙人のような風貌だった。

「ぼくのはなしをじーっと聞いてくれて、はなし終わったところで福岡さんが突如として口を開いた。『あなたは知っていることと、わかっていることが違うということをわかっていない。あなたは知識があって知っているかもしれないけど、わかっていない。この意味がわかるか？』。ぼくが『わかりません』って答えたら、『出直してきなさい!!』ってすっげえ大きな声で一喝されたの。ぼくはその気迫に驚いて、後ずさりして、ドアから外に出て、そのまま帰ってきちゃった。真っ暗な雨のなか、傘さして歩いて帰る道すがら、だんだん涙が出てきて。理由はよくわからないんだけど、とにかくショックを受けたんです」

はぁ、すごい。やっぱり少年漫画的展開だ。

「おかげで農業に少し興味をもったけど、まぁぼくは商社かなんかに入って世界を股にかける国際ビジネスマンになろうと思ってたから……」

橋本さんが本当の意味で農業に出会うのは、もうしばらく先のはなし。

インドで突きつけられた問い

大学4年生になった橋本さんは、卒論のテーマにインドの指導者マハトマ・ガンジーの非暴力主義を選んだ。その理由が深い。

「ぼくはずっと空手をやっていたけど、勝っても勝っても自分のなかの恐れっちゅうもんはなくならないんです。試合の前はいつも怖くなる。強いやつを倒してもまた強いやつが出てくる。それで、非暴力に興味をもった。恐れの上をいくのは非暴力かもしれないって」

そう考えてガンジーを調べ始めた橋本さんのところに、なんと、空からお金が降ってきた。

「うちの父はぼくと正反対で、とにかく繊細で、マメで、絶対にミステイクを犯さないタイプ。その父が、あろうことか学費を二重払いしたんです。学生課から払いすぎた分が戻ってきた、ぼくのところに、ワッハッハ。これは神様がおれにインドに行けと言ってるぞーって」

笑いながら、橋本さんはインドへ行ってしまった。そしてひょんなことからガンジーの直弟子だった老人と出会う。スンダルラール・バフグナーさんという白ひげの老人で、ガンジーの死後もヒマラヤの麓の貧しい村で非暴力運動を続けている奇特なひとだった。

「政府が村の木を切り倒して資源を奪おうとするから、バフグナーさんたちは木に抱きついて抵抗する運動をしていた」

「木に抱きつく運動……」

「そう。森林労働者がチェーンソーを持ってきたら、木の幹に抱きつくわけ。『木を切るなら、おれを切れ』みたいな感じよ。殴られても蹴られてもひたすら木に抱きついている。相手が戦意喪失するまで」

ひょえー、なんという運動だろう。最初は橋本さんも「木を守るのに命がけなんて頭おかしいんちゃうか」と思っていたが、村にしばらく留まり、毎朝バフグナーさんと一緒に瞑想をしているうちに、その生き方がなんとなくわかってきたという。

「そろそろ日本に帰ります、と挨拶したら、バフグナーさんはぼくの目をじーっと見て言うんや。『君はここに滞在して私のはなしを聞いた。それで、最後まで観察者で終わるのかい？』って。ぼくはなにも返答できず帰ってきました」

最後まで観察者で終わるのかい？

その問いはずーっと橋本さんの胸に残り続けて、いまも残っている。

さて、問題は大学卒業後の進路だった。当初のもくろみ通り語学力と体力を活かして国際ビジネスマンの道を選び、海外に勇躍しようと思うのだけど、橋本さんの脳裏には白いあごひげを垂らしたふたりの哲人がちらつく。福岡正信さんとインドのバフグナーさん、最強の白ひげコンビだ。青年は迷いに迷った挙句に……

「すばらしい妥協案を見つけたんや」

橋本さんはニヤリとした。農業、地域を守ること、ビジネスをすべて満たす就職先として浮上したのが生協だった。日本最大級の生活協同組合「コープこうべ」に就職。希望通り農産課に配属された。

「ところが、や。店舗に行ってみたら、理想と現実はあまりにも遠いわけ」

市場で野菜を仕入れる際は、売り切れにならないよう必要以上の数量を仕入れる。当然売れ残るが、それは粛々と廃棄する。しおれかかった菜っ葉やトウモロコシは塩水につけて復活させる。そうすることで栄養素は流出してしまうが、見た目はピカピカになる。

生協の上層部は橋本さんの語学力と国際感覚を評価していて、ゆくゆくは海外の食品バイヤーになってほしいと期待していた。それこそ橋本さんが夢見た「世界を股にかける国際ビジネスマン」だ。だけど現場で流通の仕組みを知るうちに橋本さんはだんだんわかってきたという。

なんでブラジルのスラム街のひとたちは食べ物がなかったのか。ブラジルには広大な農地があって、コーヒーとか大豆とか大量の農作物ができるのに、そのほとんどはブラジル人の口には入らず海外に出荷される。一方で安い食べ物がどんどん入ってきて、日本の農家は荒廃していく。

「食糧問題は遠いところにあるのではない。目の前にあるんやと突きつけられたわけや」

ある日、橋本さんは兵庫県東部、丹波の市島《いちじま》でつくられる有機野菜を目にした。

「大根は泥つきのまんま。菜っ葉も束ねてないしラップも巻いてない。なよなよとしおれてるし、虫食いがあったりもする。ぼくが無理やりピカピカにして売ってる野菜とは大違いや。だけど残らず買い手がつく」

聞けば、それは画期的な組織の画期的な産物だった。食の安全を求める都会の消費者（おもに神戸のマダムたち）が集まって、市島の有機農家と契約し、取り組んでほしい農法とつくってほしい作物を細かく指定する。そして、できた野菜が不揃いだろうと虫食いだろうと「徹底的に買い支える」。そこでは生産者と消費者が一緒になって理想の農業と食を守っていた。

「そのグループは『食品公害を追放し安全な食べ物を求める会』っちゅう、もう名称からして強烈やろ、ハハハ」

興味をもった橋本さんは市島を訪ねた。農協の指導をガン無視して徹底的に無農薬にこだわっているおじさんをはじめ、何人かの農家が有機栽培に取り組んでいた。それを見て、一気に気持ちが盛り上がった。

「ぼくも生協やめて、これやろう」

市島の役場のひとに「ここに移り住んで農業をやりたい」と相談したら絶句された。この地の子どもたちはみな田舎の農業を継ぎたくないと必死に外に出ていくのに、大学出の若者がわざわざ会社をやめて農業をやりにくるなんて理解できない、というのだ。「頭のイカれた左翼ちゃうか」と警戒されたらしい。もちろん職場の先輩も広島の両親も、呆れ果てた。

「うちの息子はへんな宗教に洗脳されとる、と思ったみたいや。でももうぼくは前のめりになってたからね。インドのバフグナーさんに『お前は観察者で終わるのか』と言われたんやった、ここからほんまに実践者になるんや、とね」

職業は、なんでも農家

こうして1989年、橋本さんは農のひととなった。最初は憧れの福岡正信さんばりの自然農（不耕起・無肥料・無除草）を目指したけどぜんぜんうまくいかなかったらしい。仕方なく肥料に鶏糞を使う有機栽培に舵を切ったが、農薬を使わないから白菜は全滅。小松菜も虫食いだらけで神戸のマダムたちからは「橋本くんがつくる小松菜はレースみたいやね」と笑われた。それでもマダムたちは「見た目がどんなに悪くても食べます。買い支えます」と励ましてくれたという。

少しずつ無農薬栽培のコツを体得した橋本さんは、やがて地域の、兵庫の、関西の有機栽培のリーダー的存在になっていく。さらに語学力を見込まれて国際有機農業運動連盟のシンポジウムやワークショップにも派遣され、訪問した国は20か国を超す。

「インドで有機農業の大会があったときにな、ワークショップを仕切ってるインドの大学の先生が、ごっつい上から目線で農民を見とるわけや。腹が立ったんで、総会のときに手を上げて英語で『有機農業を支えているのは生産者やぞ。研究者ちゅうものはサポーターの立場なのに偉そうなこと言うな』とガーッとまくしたててやった。そしたら『お前、アジア理事をやってくれ』って頼まれて、しばらく理事をやってたよ」

なーんて、世界のどこへ行っても橋本さんの反骨ぶりは変わらないのだった。いまでは消費者と生産者が連携して食の安全を守る活動が、「Shinji Hashimoto」の名前とともにフランスの高校の社会科の教科書に取り上げられている。

ところで橋本さんは、なに農家なんだろう?

わたしは当初、漠然と「なに農家なのか、ちゃんと確認しなきゃ」と思っていた。道法さんはミカン農家、林さんはリンゴ農家、などと一応メインの作物が決まっているのが農家のスタイルだと思っていたためだ。ところがはなしを聞いているうちに、橋本さんは「なんでも農家」だということがわかってきた。年間50種類の野菜をつくって、合鴨農法で稲作をして、さらに養鶏もしている。キーワードは多品種、少量生産、循環。

「ニワトリがおると正月も休めんし、誰もやりたがらんわけ。だけど消費者のひとたちは安全な卵がほしい。それで頼まれてぼくがやることになった。平飼いで２００から３００羽」

「平飼いって?」

と基本的な質問をしたら、橋本さんは車のキーを掴んでサッと立ち上がった。

「見に行こう、すぐそこだから」

川べりの養鶏場に近づくと、コーコッコッコ……と元気な声が聞こえてきた。土の上に建てられた木製の広ーい小屋、屋根はトタン板。そこを茶色いニワトリさんたちが縦横無尽に走りまわっている。コンクリートで密閉された空間に身動きできないニワトリが並んでいる近代的な養鶏場とはまったく違う風景、これこそが平飼いだ。

「生まれてから死ぬまで真っ暗なケージにぎゅうぎゅう詰めにされとるニワトリの卵なんか食べたら、バチ当たるで。有機農業では、健康に幸せに生きている畜産物のほうが人体にもいいはずや、いう考え方がある」

ニワトリ小屋の土の上には、畑で採れた野菜くずや草がまかれていた。ニワトリたちは糞をしたあと、すたすたとその上を歩きまわる。おかげで土と鶏糞と草がかき混ぜられて、なにもしなくても堆肥ができるのだという。指ですくうとサラサラで、ぜんぜんくさくない。

　橋本さんは隣の棟も見せてくれた。賞味期限が切れた直後の牛乳がたくさん積まれている。これをタンクに開けてヨーグルトを加えて乳酸菌を培養し、ニワトリに毎日食べさせているとか。タンクの蓋を開けたら、モンゴルの馬乳酒みたいな柔らかくて甘い香りが広がった。

「わー、おいしそう」

「そやろ。人間が食べてもおいしいもんしかあげてないからな」

　市販のニワトリの飼料には、卵の黄身を赤くする色粉をはじめ、さまざまな添加物や抗生物質が入っている。それが卵を食べた人間の抵抗力を弱める原因になると橋本さんは言う。だから広島県産の牡蠣の殻、遺伝子組み換えしていないトウモロコシと大豆、地元の米ぬかなどを個別に取り寄せて、自分の手で配合してニワトリにやっているそうだ。

　再び鶏舎に戻り、

「あんたたち、大事にされているんだねぇ」

とニワトリさんを眺めていると、わたしが閉めたつもりの扉にすき間が空いていて、一羽がぴょんと飛び出した。あ、どうしよう、逃げちゃう。と焦るわたしの横で、橋本さんは慌てず騒がず。逃亡ニワトリをしばらく自由に歩きまわらせたあと、何気なく近づいて……シュパッと一瞬で捕獲した。

「いまの、空手の技」

おおお。そうか。空手の達人は、ニワトリの捕獲がうまい。

豪雨災害で心が折れた。そして……

さてここから物語は、ようやく道法さんとの出会いの場へと差し掛かる。だがその前に、もうひとつだけ触れておかなければいけない事件がある。

２０１４年8月、丹波を豪雨災害が襲った。

橋本さんは消防団の団長をしており、土嚢の積み上げや避難誘導に奔走した。それでも土砂崩れで近所の家が潰れて、逃げそびれたおじいちゃんが亡くなってしまった。橋本さんの家も瓦礫と土砂で埋まった。畑は泥に覆われ、ニワトリも泥まみれ。なにより数十年かけて堆肥を入れて育ててきた土が一瞬で失われた。

「これで農業人生は終わったな、と思った」

仲間やボランティアが力を尽くしてくれたおかげで家は再び住める状態に戻ったが、橋本さんの折れた心はなかなか回復しなかった。

「もう農業なんてやっとられるか。誰よりも一生懸命やってきたのに、なんでこんな目に遭うんや」

行き場のない感情が渦巻いた。

「なにが理想の農業じゃ。なにがバフグナーじゃ」

自棄になって、インドの非暴力の哲人にまで八つ当たりした。どうしても気力が湧かず、もう農業をやめて生まれ故郷の広島に戻ろうとすら思ったらしい。

そんなときだ。地元の若い農業従事者の集まりに呼ばれた。そこに講師として来ていたのが道法さんだった。橋本さんは、はなしを聞いてすぐ「これはすごい」と思ったという。国内外の自然農や有機農業について熟知している橋本さんだが、「道法さん以前に植物ホルモンのはなしをするひとに会ったことはなかった」ときっぱり言った。

道法さんの広島弁バリバリの講義を聞いているうちに、若き日に福岡正信さんの生き方に感銘を受けた経験が一気に蘇った。

「福岡さんの本に『自然農法はほったらかし農法とは違う』と書いてあった。それを思い出した。福岡さんが言っていた最後のピースはこれかもな、と」

じつは橋本さんは、豪雨災害のショックとは別に、道法さんに会う少し前から自分が理想とする農業から遠ざかっていることを意識していた。

この数十年で、有機栽培にチャレンジするひとは増えた。でも日本の有機野菜のマーケットは小さいまま。いまや欧米ではふつうの八百屋さんにオーガニック野菜が売られており、韓国ソウルでは学校給食に有機野菜が使われている。それにひきかえ日本では、いつまで経っても有機野菜の市場が拡大しない。だから限られたパイを生産者が奪い合うことになる。その結果、有機栽培だけど単品種を大量につくって低コストを目指すとか、きれいにラッピングして差をつけるとか、そういう方向にいかざるを得ない。有機農業で稼ぐことと環境を守ることに矛盾が生じているのだった。

「これは自分がやりたい農業とちゃうで、という思いがずっとあった。そもそも東京から広島まで歩いて野宿したときに『なにも必要ない』と思ったんちゃうんか、それで自然に任せる福岡正信さんの農法に憧れたんちゃうんか、と。それなのにやれ微生物資材や、ラッピングや、有機JASマークやってどんどん必要になって。気がついたら、土壌を分析して、パソコンにデータ入力して、窒素とリン酸とカリの必要量を解析してってていう世界に入ってたんよ」

ところが道法さんは、「肥料も資材もいらない。それでも収量は上がる」と言い切ったのだ。それこそが本来自分が目指したところだ、農業の原点だ、と橋本さんは目が覚める思いだった。

「福岡正信さんから始まったぼくの農業の旅がまた振り出しに戻っちゃった、と思った。それで、もう少し農業を続けてみようという気持ちになった」

橋本さんの消えかかっていた埋み火に、道法さんの風が吹いて、ブワッと炎が上がった。その夜は、そういう夜だった。

橋本さんはさっそく道法スタイルを取り入れた。

「まず手始めに、ソラマメやトマトの苗木を縛ってみたんや」

南米アンデス原産のトマトは高温多湿に弱いとされており、外で育てると実が割れやすい。だから橋本さんもそれまでトマトはビニールハウスで育てていたが、道法スタイルで縛ると露地栽培でも実は割れず、病気にもかからず、きれいで大きなトマトが実ったとか。

ニワトリ小屋でできる天然の堆肥に関しては、道法さんも現地を視察して「橋本さんの農業はニワトリ込みで循環しとるんじゃから、ここだけやめるわけにいかんなぁ」と言ったらしい。

それでいまも初期肥料として鶏糞由来の堆肥を使っている。

「でも道法さんのはなしを聞いてから追肥《ついひ》は一切やめた。追肥をせんでも、道法さんに習ったせん定と縛りをすれば収量も味も以前と変わらない」

とのことである。

２０１９年2月、橋本さんは自身が実行委員を務めていた日本有機農業研究会の大会に道法さんを呼び、はなしをしてもらった。土づくりに心血を注いできた長老たちのなかには、「土づくりを否定するやつのはなしは聞きたくない」と反対する声もあったが、「もし道法さんを呼ばないんだったら、ぼくは実行委員を降りる！」と橋本さんがゴリ押ししたらしい。

「道法さんのやり方は、あまりにもいままでのやり方と違うので受け入れがたい、という有機農家もいる。いつの時代も新しいことは警戒される。でも効果が出たら変わってくるからね」

ちなみに肥料に関して橋本さんの立場は、「肥料は悪だという道法さんの考えも理解できるが、根張りが悪い畑、水はけの悪い畑には補助的に肥料をやるべきやとも思う。正解はまだわからない」というものだ。まだわからない、という言い方にこそリアリティがある。

「このあいだ『土と内臓　微生物がつくる世界』って本を読んだけど、結局、人類は微生物のことだってまだほとんど解明できていない。この世界にはわかっていないことが無限にあるんや」

丹波を辞するころにはすっかり日が暮れて、山が青かった。福知山線でトコトコと南下する。脳裏にいろんなおじさんの顔が浮かんでは消える。

福岡正信さん「あなたは知っていることと、わかっていることが違うということをわかっていない」。スンダルラール・バフグナーさん「お前は観察者で終わるのか」。橋本慎司さん「この世界にはわかっていないことが無限にある」。

山の青みが、だんだん深くなっていく。

走り続ける公務員と水俣病のはなし

福田大作さん

「このあいだ、ミナマタアシキタツナギに行ってきたんじゃけど」

というフレーズは、道法さんからたびたび聞いた。ワンセットで語られる地名は熊本県最南部にある水俣《みなまた》市、とそこに隣接する芦北《あしきた》町と津奈木《つなぎ》町。この3市町で道法さんは農業指導を行っているらしかった。

「水俣病があった土地じゃけん、土や水を汚さない農業をしたいと思ってるひとがおるんじゃ」

ということもサラッと聞いた気がする。「あぁ、水俣病」とうなずきながら、わたしは石牟礼《いしむれ》道子《みちこ》さんや原田《はらだ》正純《まさずみ》さんや永野《ながの》三智《みち》さんの本を思い浮かべた。でもそれと道法さんの農業がどうつながるのか、わたしは正直言ってまったく理解していなかった。道法さんもデポコンのせん定についてはある程度はなしてくれるが、水俣病についての意見や感情的なことば、ましてやそれに絡めて自分をアピールするようなことは一切言わなかった。だからわたしはこの件について、何年間もうすぼんやりと聞き流してきた。

このたび津奈木町役場の熱血公務員・福田《ふくだ》大作《だいさく》さんに会いにいき、わたしのうすぼんやりした頭はようやくクリアになった。

なんと！　そういうことだったのか、道法さん！

道法さんは過去7年間、ほぼ毎月のように水俣と芦北と津奈木に出かけていたのだった。ものすごい頻度だ。そこには、福田さんが仕掛けたとてもユニークなプロジェクトが横たわっていた。

同時にわたしは、水俣・芦北・津奈木という土地の唯一無二さに感じ入った。どうしてこの地でユニークなプロジェクトが生まれたかというと、ここには世界的に見ても特別な物語があったためだ。取り返しのつかない悲しみと「怨」の物語が（水俣病患者は黒地に「怨」と染め抜かれた幟を立てて裁判を闘った）。そして、そこからスタートした新しい生き方の物語が。

道法さんの農法がこの土地と深い縁で結ばれているのは、必然なんだろうか。必然なんだろうなぁ。

人生の前半、農業とは無関係だった

厚手のコートとモモヒキを脱ぎ捨てて南九州に向かった。3月になると昼間はシャツ一枚で心地よく、それどころかもう蚊が飛んでいた。

津奈木町役場、正面玄関。降り注ぐ日差しのなか、車体に津奈木町と書かれた白い車がブオン！　とやってきて目の前に停まった。

「こんにちは、福田です」

運転席から、キリッと精悍な顔が覗く。

「役場の車で町をご案内しますから、どうぞ乗ってください」

津奈木町の端から端へ、さらには隣の水俣市へ。福田さんはその日の午後を全部使って、この土地の風景を惜しみなく見せてくれた。山の匂いを吸い込みながら、不知火海《しらぬいかい》の風に吹かれながら、忘れがたいはなしをいくつも聞いた。

福田さんは１９７５年、津奈木町で生まれた。小学校のころからかけっこが得意で運動会ではずっと1番だったらしい。正確に言うと「途中で靴が脱げて、その靴を取りに戻って、一度だけ2番になったことがある」。靴を取りに戻って2番て。3番や4番の子の立つ瀬がない。中学は野球部、高校は陸上部。そのまま体育大学に進学し、２００メートル走の選手として活躍した。

「公務員になるつもりはなかったんですけど、たまたま役場勤めの先輩のはなしを聞いて、町を元気にする仕事はいいなあと思ったんです」

津奈木町役場に入った福田さんは企画や総務の仕事に従事したのち、２０１１年から熊本県庁に出向した。県の職員と水俣市、芦北町、津奈木町の職員がひとつのチームを組んで推進するプロジェクトが発足。福田さんはそのメンバーになったのだ。

「水俣、芦北、津奈木の3市町はつまり、水俣病が発生した土地です」

福田さんはズバリと言い、わたしは黙ってうなずいた。

「それで経済的にも社会的にも、ものすごく地盤沈下しました。だから、この地域に新たな産業をつくろうということで県と3市町の合同チームが結成されたわけです」

水俣病が公式確認されたのは1956年。だが21世紀になってなお病気に苦しむひとがいて、地名には風評被害がつきまとい、地域経済も沈んだままだったのだ。頭のなかで年号の引き算をするわたしにかまわず、福田さんは続ける。

「それまで農業の『の』の字も知らんかったぼくが、農業部門の担当になりました」

それが、すべての始まりだった。

どこから手をつけたらいいか、まずは地元で農業をしている友だちにはなしを聞いてみた。すると、見えてきたことがあった。

「この地域には、できるだけ環境に負荷をかけずに農業をやりたいと考えている生産者がいることを知りました。みんなやっぱり、水俣病を経験したからそういう発想になるみたいで。ただ、かたまりでいるんじゃなくて、ポツポツといる。これをひとまとまりにして地域全体で推進していけたらいいんじゃないかと思いました」

もともと水俣病は、漁業とは密接な関係にあったが農業とのつながりはほとんどなかったはず。だけど結果的に農業従事者の意識も変えたのだ。なんかもう、いきなり興味深い。

水俣病を経験したから安全な農業を

水俣病は、化学メーカー・チッソの工場が有機水銀を海に垂れ流したことに起因する。不知火海に面して建つ巨大な工場の排水口から吐き出された毒物は、海底に分厚く沈殿した。食物連鎖によって海の魚や貝が汚染され、それを食べた猫やひとが次々と発症したのだった。被害は海辺の集落の、朝昼晩と魚を食べていた漁師さんとその家族に集中した。働き盛りの大人や元気だった子どもが歩けなくなり、しゃべれなくなり、手足が変形し、意識を失い、亡くなっていった。猫は踊るように跳ねまわり、海に落ちて死んだ。

もっとも、すぐに原因が突き止められたわけではなかった。１９４０年代から患者は出ていたのに、当初は「奇病」「伝染病」と噂され差別された。１９５６年に「原因不明の中枢神経疾患」として公式確認されると、そこでようやく水俣湾で獲れる魚が原因じゃないかと疑われるようになる。あぁよかった、これでやっと発病が止まる、と思ったが甘かった。

水俣湾での魚獲の禁止に踏み切ろうとする熊本県に対して、厚生省（現在の厚生労働省）は「水俣湾の魚介類すべてが有毒化されている明らかな根拠が認められない」としてそれを突っぱねた。国は、患者より大企業を守るのだ。御用学者はいつの時代もヘラヘラしているのだ。水俣病の原因は魚じゃない、とする説がいくつも取り沙汰された。背景には、チッソの化学工場は高度経済成長を支える大事な産業で、潰すわけにはいかない事情があったという。チッソもチッソで、調査結果を隠蔽したり、工場の排水口にフィルターをつけたと嘘をついたり、最低・オブ・最低。さらに水俣市はチッソの企業城下町で、多くの市民がチッソ関連の仕事についており、チッソの社員から水俣市長が選出され、市議会もチッソ関係者で占められていた。そういった事情が絡み合い、チッソから排出される有機水銀と水俣病の因果関係が認定されるまでに12年もの歳月を要したのだった。

そのあいだも漁師さんの家ではどんどん魚を食べてしまい、被害が拡大した。毎日食卓に並べていた自慢の鮮魚が家族の体を破壊していたことを知ったとき、お母さんはどれほど衝撃を受けただろう。海に面したわずかな土地に開けた集落に田んぼはなく、主食は魚という家も多かった。だから魚が汚染されていたことを知ったとき、「米びつに毒を盛られたごたる」との嘆きが漏れた……。

そういうわけでこの地域には、魚に限らず「食べるもの」全般に高い意識をもつひとが出現したのだった。水俣病の患者さんや、それを支援するひとたちが海辺の斜面でミカンづくりを始めたのもその一例。

「水俣病の語り部として有名だった杉本栄子《すぎもとえいこ》さんも、ミカン畑をやっていました。『自分たちは食べ物で病気になった。だから絶対に安全な食べ物しかつくりたくないんだ』という強い信念をもっておられて……」

と福田さんは語る。

「ぼくの先輩や同級生にも、１００年くらい続くお茶農園の跡取りがいるんですけど、やっぱり水俣病のあとに有機栽培を模索するようになったそうです。こういう土地だからこそ安全なものをつくりたいと」

そのひとりが松本和也《まつもとかずや》さんだ。福田さんが県に出向になったちょうど同じころ、どうにかして無肥料・無農薬のお茶栽培を広げたいと考えていた。そのふたりが出会うことで、プロジェクトは転がり始めたのだった。

「その年、水俣で県民体育祭がありまして、ぼく、競技役員としてスターターをしてたんですよ。そしたら『福田くんだよね？』って声をかけてきたひとがいて。それが松本さんでした」

　松本さんは福田さんより7歳上で、高校時代は短距離走の県記録をもつほどの有名選手。福田さんにとっては憧れの先輩だった。高1のとき、陸上記録会で100メートルを競ったことがある。松本先輩が首位を激走し、その2、3メートルうしろを必死に食らいついていった福田さんが2着に入った。

　それから20年の歳月が流れ、ふたりはまた陸上競技場で再会したのだった。

「福田くんだよね？」

「はい。あ、松本さんですか！」

「そうたい。あんときの記録会おぼえとっや。君がなかなかやるもんやけん、名前おぼえとったったいね。いま、なにしよっと？」

「ぼく津奈木の役場に入ったんですけど、いまは県の出先にいます。新しい産業をつくるチームの農業部門を担当していて」

　それを聞いた松本先輩の目が光った。

「農業部門！　おれ、お茶農家って知っとっとや？」

「はい」

「あんた、自然栽培って知っとっや？」

「知りません。無農薬栽培とは違うとですか？」

「これからは、無農薬じゃなかぞ。肥料もやらんとがいまから農業の中心になってくるけんね。それをあんた勉強しようと思わん？」

「ぜひ教えてください」

「よし！」


２週間後、ふたりは石川県羽咋《はくい》市にいた。ちょうど羽咋市で自然栽培フェアが開催される時期で、松本さんに誘われた福田さんも足を伸ばしたのだった。

羽咋市では２０１０年から「はくい式自然栽培」を推進していた。『奇跡のリンゴ』で知られる木村秋則さんを青森から招いて自然栽培の塾を開いたり、「スーパー公務員」の異名をとる高《たか》野《の》誠鮮《じょうせん》さんが米をブランド化したり、チャレンジングな試みに全国から注目が集まっていた。たしかに、行政とＪＡの旗振りで無肥料・無農薬を実践するなんて、めちゃくちゃ画期的だ。農業の「の」の字も知らなかった福田さん、いきなり本丸に突っ込んだのである。

「もう見るもの聞くものすべてが刺激的でした。ぼくはすっかり心酔して、よーし、ぼくの地元でもこれをやろう！　と」

勇んで熊本に戻ると、さっそく行動を開始した。

「ぼくも単純な人間で、スイッチが入ったらすぐ突っ走っちゃうんで、へへ。すぐにJAあしきたの組合長のところに行って、『これからは自然栽培ですよ！　一緒にやりましょう！』みたいなことを言ったんです」

組合長は、福田さんのはなしに耳を傾けてくれた。そして言った。

「木村秋則さんのことは、本で読んで知っとるよ。本当にすばらしいひとや。でもあんひと、何年メシ食えんやったか知っとるや？」

福田さんは小さな声で答えた。

「10年、ですかね……」

木村さんの本には、自然栽培でリンゴをつくろうとして10年間うまくいかず、ついに首吊り自殺をするところまで追い詰められたという壮絶な経験が綴られている。

「君の思いはようわかった。けど、JAとしてそっちにリードしていくわけにはいかん」

組合長が反対するのはもっともだった。自然栽培は理想の農業の姿かもしれない。水俣地域には、安全な農業を模索している生産者がいることも知っている。でもＪＡに所属している農家たちはみな肥料や農薬を使う慣行農業で生計を立てている。理想を求めて、到達する前に路頭に迷ってしまったらどうする。ＪＡの指揮のもとで地域全体が自然栽培に舵を切るなんて、どう考えてもギャンブルすぎる。

　ちなみに羽咋市の場合は大部分が米農家であり、「自然栽培でつくった米には市価の3倍の値をつける」と行政とＪＡが請け負ったことが農家の背中を押したのだという。たとえ収量が半分に減ったとしても、3倍の値で売れれば農家は儲かる。「理想の農業だからやるんじゃなくて、儲かる農業だからやる」に落とし込めたからこそ、羽咋の農業革命は成功したのだった。しかし野菜やくだものなど多品目を扱うＪＡあしきたで、同じ仕組みを打ち立てるのはむずかしい。

「うん、まあ、組合長の言う通りなんですけど」

　と、そこまで言ったあと、福田さんはしょんぼりした口調でことばを継いだ。

「……ぼくの落胆は激しかったです」

　その言い方がなんだかおかしくて、わたしと福田さんは黙って笑い合った。だけどはなしはそこで終わらない。さらに組合長に掛け合ったのが福田さんのすごいところだ。

「じゃあ、みんなで自然栽培に切り替えるのは無理としても、自然栽培をやってるひとを講師に招いて勉強会を開くのはどうでしょう？」

食い下がったら、組合長もうなずいてくれた。

「うん、そんなならよか。生産者の選択肢を広げることになるけん」

首の皮一枚で福田さんのアイディアは生き残った。まずは組合長の気が変わらないうちに勉強会を開こう。最初、リンゴの木村さんに講師をお願いしようとしたのだが、木村さんがイメージする勉強会と現実が折り合わず頓挫してしまう。ほかに誰かいい先生はいないだろうか？　この土地で、新しい農業の展開を指導してくれる救世主は？

新しい農業を探しまわった日々

２０１１年の秋が深まった。福田さんが県庁に出向して担当した「水俣・芦北・津奈木で農業を軸に新しい産業を生み出すプロジェクト」は、いよいよ次年度の予算要求をする時期となる。まだ細かいところまで詰められてはいなかったが、福田さんはふたつのプランをまとめ上げた。

ひとつは「環境配慮型の農業推進」。いきなり石川県羽咋市のようにはいかなくとも、水俣病を経験した地域として、どうにかして水や土を汚さない農業を軌道に乗せたい。福田さんは、その機会を虎視眈々と狙っていくことにした。

そしてもうひとつが「建設業の農業参入」というビジネスモデル。これもまたこの地域が置かれた状況と課題から生まれたアイディアだった。

「当時、地元の建設会社は経営が苦しい状況にありました。だけど建設業は田舎にとってはインフラで……」

福田さんは地方における建設業の役割を説明してくれた。災害が起きたとき、倒れた木や道を塞いだ土砂が除去できるのは、重機をもっている建設会社が動いてくれるからこそ。それが「建設業は田舎にとってはインフラ」の意味するところだ。当時、公共事業はピーク時の約45パーセントまで落ち込んでおり、建築業は淘汰されていく運命にあった。だけど、全滅させるわけにはいかない。それが行政の使命だった。

「一方で農業の現場では、60代でもまだ『若手』なんですよ、このへんでは。メインプレイヤーが70歳とか75歳という農家がたくさんあって。ということはそう遠くない将来、農業の担い手がいなくなっちゃうってことです」

ふたつの深刻な事情を一挙に解決するのが、「建設業の農業参入」だった。仕事が減っている建設会社に農業部門をつくれば、雇用も会社も守ることができる。同時に若いひとが農業を支えることにもなる。あったまいいなぁ、福田さん！

　こっちのプランを具体化するにあたっては強い味方がいた。民間にいながら同じことを考えていた「ちょっと年下で、イケメンで、アイディアが豊富な熱い男・澤井くん」だ。澤《さわ》井《い》健《けん》太《た》郎《ろう》さんは、建設会社に養鶏部門をつくった実績をもっていた。

「でも鳥インフルエンザの影響で養鶏はできなくなってしまって、だから改めて建設業が農業参入するならどのジャンルがいいのか、澤井くんも模索している時期だったんです。じゃあふたりで一緒に探そうと」

　ふたりは全国各地にアンテナを張り巡らせ、いくつもの可能性を検討した。あるときは、東京都の利島《としま》まで椿の栽培を見学しにいった。

「水俣名物に蜂楽饅頭《ほうらくまんじゅう》ってお菓子があるんですよ。今川焼きみたいなやつ。それを焼くとき利島の椿油を使ってると聞いて。実際に島を訪ねたら、椿は素材生産だけでは思ったより収益性が低いことがわかりました。油を絞る工場を建てればどうにか成り立つけど、最初からそこまでできないから諦めました」

　またあるときは、大玉の銀杏をつくっている畑を訪ねて、熊本県北部まで車を走らせた。

「粒が大きい銀杏をつくれば、料亭が高値で買ってくれるというはなしを聞きまして。でも大玉をつくるには大量の肥料がいることがわかりました。それはぼくらが目指している農業とは違うよね、と言い合って断念しました」

それ以外にも、農業関連の講習会を聞きにいったり、コンサルタントの先生に相談にいったり、福田さんと澤井くんは奔走した。

「あるひとは『イチジクをつくったら売れるんじゃないか』と言い、あるひとは『桑を植えたら実も葉っぱも商品になる』と言ったけど、どれも説得力に欠けるというか、信じ切ることができなくて……」

瞬く間に日が過ぎて、ついに2月も終盤になった。新年度からプロジェクトをスタートしなければいけない。どんなに遅くても3月中には、どの作物を誰の指導でどういう作つけで手がけるのかを決定しなければ。それなのに、なにも決まっていなかった。

「もうダメかもしれないと思ったギリギリのところで、道法さんと出会ったんです」

おぉ、ついに。

デコポン農家が家を建てた！

2012年早春、道法さんが熊本にやってきた。玉名《たまな》市で開かれた自然栽培の講習会の講師として。福田さんは藁をも掴む気持ちでその講習会に参加し、道法さんのはなしにぶったまげた。そのときの興奮は忘れがたいという。

「たとえば熊本市には植木《うえき》のスイカ、河内《かわち》のミカンという名産品があるんですけど、その地域の地下水は肥料による汚染がひどくて、農業用水としては使えるけどひとが飲むことはできないんです。硝酸態窒素が蓄積してしまっている。道法さんはそういうはなしをしてくれて、ほんとに衝撃的でした。水俣病の問題も水の汚れが原因で、だからこそ安全な食で地域経済を取り戻そうとしているのに、農業の現場で地下水を汚している……」

肥料なんかやらなくても、いやむしろ肥料をやらずに植物ホルモンの力を引き出したほうが植物は元気になると道法さんは言った。畳み掛けるように語られる経験談と理論にぐいぐい惹きつけられた。「このひとだ！」と思った。相棒の澤井くんを見ると、澤井くんもまぶしそうな顔で福田さんを見返してきた。ふたりは黙ってうなずきあった。

「道法さんのはなしには、お茶を濁す感がぜんぜんなかったんです。初めて納得できるはなしをしてくれるひとに会ったと思いました。ぼくが既存の農学をかじってない、まっさらな状態だったのもよかったと思います。農業の勉強をしてきたひとだと逆に道法さんのはなしをすんなり聞けないこともあるみたいで」

講義の合間の休憩時間、道法さんがタバコをふかしている喫煙所に突撃して、福田さんは言った。

「道法さん！　4月から水俣・芦北地域で自然栽培を広げていくプロジェクトをやりたいんですけど、講師を引き受けていただけませんか」

「もちろん」

道法さんは快諾した。ただし福田さんが「これは行政の仕事なので、上のオッケーがもらえればという条件付きなんですが」と付け加えるのを聞いて、内心で「こりゃあ、口だけじゃな」と値踏みしていたらしい。道法さんは「今度うちの地元でもセミナーをやってください」と声をかけられることがたびたびあるが、具体的にはなしが進んでいくのはそのうちのほんのひと握り。今日会ったばかりの、大して農業も知らない公務員が、大風呂敷を広げているだけじゃ……そう思ったのも無理はない。

だけど福田さんの本気は、本気の本気だった。次の日の朝、速攻で上司にはなして、一気呵成にオッケーを取りつけた。ひゃー、そんなスピードで動く行政ってあるんだ！　わたしがイメージするお役所仕事とはぜんぜん違う。福田さんは照れながら言い添えた。

「ま、その前から『環境配慮型の農業推進』ってことでざっくり予算申請してありましたし。プロジェクト自体が立ち上げの時期だったんで、とにかくやってみろって状況だったんでしょう。きっと各所から反対が起こるだろうと予想したけど、ぼくはもうできる気しかしなかったんで」

あぁ、すごいなぁ。「できる気しかしなかったんで」。こういう気持ちになっちゃったひとはもう止められないのだ。福田さんは勇んで道法さんに電話をかけた。

「内部でオッケーをもらったんで、よろしくお願いします」

昨日の今日ではなしを決めてきた福田さんの早業に、道法さんは「あのはなしは、ほんとだったんか！」と驚いたらしい。

こうして道法さんは「環境配慮型の農業推進」の勉強会の講師として、年に10回水俣・芦北・津奈木を訪れることになった。同時に「建設業の農業参入」のほうでは澤井くんが主体となって道法スタイルのアボカド栽培が始まった（アボカドはその後、不運にも「１００年に一度の大雪」に見舞われてハウス栽培に切り替えることになり、現在は道法さんの手から離れている）。また津奈木町では独自に予算を組んで、道法さんの塾を開催することになった。

道法さんの勉強会を開くにあたって福田さんが留意したのは、無農薬栽培や自然栽培を頑なに押しつけないことだった。

「ＪＡの組合長に自然栽培をやりましょうって直談判しにいって賛同が得られなかった、あの経験が本当によかったと思っているんです。田舎ってみんな顔見知りで、いい意味でも悪い意味でもグダグダなんですよね。ゆっくりしか変われない。それがいいんです。とんがった企画をバンバン出したらいかんのです」

道法さんもそれはよく理解してくれたという。なにしろ長年、瀬戸内海の島で農業指導をしてきたひとだ。田舎の人間関係も、農家のメンタルも熟知している。道法さんのアドバイスは、

「農薬は死んでもダメじゃ、なんて言うたら誰もついてこんよ。できるだけ肥料や農薬に頼らないで、収量も増えて品質もよくなる、最終的には儲かる農業じゃと宣伝せにゃ」

だった。その通りに町の広報誌に載せ、町内放送で呼びかけたところ、勉強会には初回から30人近い農家が集まった。なかにはＪＡどっぷり派、すなわち農薬と肥料を信奉している長老もいたらしい。

「その方は、会場のいちばんうしろで立ったままはなしを聞いていました。立場上、道法さんの勉強会にいたと噂されたくなかったのかもしれません。それでも終わってから『道法はあん

な言ったけどあれは違う。けどあれはほんとや』とおっしゃって、半分くらいは認めているみたいでした」

道法さんはデコポンの農園で立ち枝を残すせん定をやってみせた。「畑の一段でもいいし、なんなら一本だけでもいいから試してみて。ほんのちょっとやる分には、経営に響いたりしないから」という言い方で、各人が体験、実感してほしいと訴えた。毎月のように水俣・芦北・津奈木に足を運び、せん定したデコポンがどう変化していくのかをみんなと共有する。そして肥料をまずは3分の1に減らして、できれば6分の1以下に減らして、と細かい指導を重ねていった。

「道法さんの言い方は、すごくよかったです。農家にとって、いきなり無肥料・無農薬を目指すのは怖いけど、せん定を変えてみよう、肥料を減らしてみようだったらハードルが低い。話術もあるし、下ネタも言うし、みんなどんどん楽しくなっていったと思います」

ごく初期の段階で大胆に道法スタイルに切り替えたデコポン農家に、本山《もとやま》真吾《しんご》さんがいる。約50人が登録しているハウスデコポン部会のなかで本山さんの売り上げは下位10番目くらいだった。それがせん定と減肥だけで、翌年からいきなりトップクラスに躍り出た。品質も生産量も一気に向上したのである。それを見た周囲の農家も変わっていったという。

一方、新立《しんだて》さんは親子二代でデコポン畑を切り盛りしていた。お父さんはかなりの強せん定をしており、きれいな実がつくがいかんせん収量が少なかった。息子の嘉孝《よしたか》さんが「これまでのやり方を変えて、道法スタイルに挑戦する」と宣言し（お父さんを説得するまでにちょっと時間がかかったが）、立ち枝を残す仕立てに変えた。出荷から数か月後、農協からの振込金額を見た嘉孝さんは、

「わ、こんな儲かるんや！　おれ、家建てんばん」

と叫んだらしい。これまでに見たことのない額が入金されていたのだ。実際にその後、新立さんちは家を建て替えた。ワンダフル！

「成功体験が積み上がって、受講者のやる気も強くなっていくんですよね。より道法さんを信じるようになっていく。ぼくもうれしかったです」

福田さんはうれしい気持ちを噛みしめるように笑った。とにかく肥料を減らして地下水の汚染を食い止めたい、というのが福田さんの悲願となっていた。ガチガチに厳格な自然栽培原理主義者がひとりふたり出現しても意味がない。それよりも地域全体で少しずつでも肥料を減らしていくほうが環境を守る近道だ、との思いが強かったという。

それにもちろん、行政の予算で道法さんを呼ぶことへのプレッシャーもあった。役所のなかでは、風当たりも強かったらしい。

「一般的な農業普及員のなかでは確立されてない技術をお前は広めるのか、あれは異端のやり方だぞ、と責めるひともいました。君のことを思ってやめろと言うんだって忠告もけっこうありましたね。一度やってダメなら二度目三度目に活かせばいいのに、一度目の失敗を許さないのが組織ですよね」

あぁ、それだ。一度目の失敗を許さない。なにもやらないひとは失敗しないから誰にも咎められない。ザッツ、組織。

「ま、ぼくはまだ左遷されてませんから、道法さんには遠く及びませんけど。ワハハ」

茂道地区のミカン畑

これらのはなしは、すべて車のなかで聞いた。福田さんは土地について道法さんについて丁寧にことばを紡ぎながら、水俣と津奈木のキラキラした風景のなかを車で巡ってくれた。わたしがはなしに夢中になっても福田さんはガイド役を忘れず、

「これが水俣川です。源流から河口まで全部が水俣市内にあって、そういうのは全国でも珍し

いみたいですね」

とか、

「あそこ、いまは公園ですけど昔は豊かな干潟でした。チッソの工場から流れ出て海底に積もった水銀を、浚渫《しゅんせつ》して埋め立てて公園にしたんです」

などと的確に解説を差し挟んでくれた。

山の中腹にあるデコポン畑を見せてくれたあと、細い山道にＵターンする場所がないと悟るや、グイーンと車をバックさせて山を降りたときには仰天した。しかも福田さんは平然としゃべり続けながら運転していた。陸上選手の運動神経って、こういうものなのか。


山を降りてしばらく走ると目の前に青い海が広がった。静かな入江に漁船が停泊している。

「ここがぼくの生まれ育った集落です」

福田さんは漁師の家の子なのだ。おじいちゃんもお父さんもおじさんも、不知火海でちりめんを獲っていた。

「だから、ぼくがあるときから農業を熱く語るようになって、『こん子は漁師の息子なのに大丈夫か。へんな宗教にでもハマっとるんじゃなかとね』って、親たちは気味悪く思ってたみたい、ハハハ」

海上に浮かぶちぎれ雲を目で追いながら、わたしは恐る恐る尋ねた。

「津奈木の漁師さんたちは、あの、水俣病は……」

「見てもらってわかったと思うけど、津奈木の大部分は海に面した漁師町です。だから人口当たりの患者さんの比率は水俣より高いんです。逆に津奈木にはチッソの労働者がほとんどいなかったから、水俣みたいに町が分断されなかったのが幸いでした。でも症状が出たひとは多いです」

「そうですか……」

親族やお友だちに具合の悪いひとはいますか、と重ねて聞くことはできなかった。いるに決まってる。福田さんが地域のために奮闘する背景には、ご自身に連なる物語もあったに違いない。

「うちの親父たちは、水俣病の公式確認の前から水俣の海で魚を獲るのを避けていたって言ってました。感覚的にやばいと思ったって」

水俣病が明るみに出ると、すべての漁師が仕事をなくした。中学を卒業してから漁師一筋でやってきた福田さんのお父さんも、漁の中断を余儀なくされた。再び漁に出られるようになるまで30年くらいかかったという。ひとの一生のなかで、30年はあまりにも長い。

「まあ、水俣病に翻弄された人生ですよね。でもうちの親父はピンチになると燃えるタイプというか。四国まで真珠養殖を勉強しにいって真珠ビジネスを始めたり、魚の養殖から流通までをひとりで担う仕組みをつくったり、タイの稚魚を見つけてきてそれを育てる会社を興したり。いろんなことをやって同業者たちを盛り上げていました。いまは漁師に戻ってますけど」

そうか、既存の枠組みにとらわれずに新しいプロジェクトを形にする福田さんのお仕事ぶりは、お父さん譲りなのだ。福田さんははにかんで「いや、親父のほうがすごいです」と小さく言った。

車は水俣市内を南下していった。海辺の集落は坂が多く、すべての家に燦々と陽の光が降り注いでいる。明るいなぁ、まぶしいなぁ。助手席で目を細めていたら、福田さんが言った。

「ここが茂道《もどう》地区です」

あぁ、茂道。水俣病関連の本にはその地名が必ず出てくる。被害がもっとも大きかった地区のひとつだ。こじんまりした坂の町から多くの重症患者、死者が出た。ほとんどの家でネズミよけの猫を飼っていたが、全滅したという。認定患者だけで２００人以上。そうか、茂道はこんなに明るい集落だったのか。

坂の上に、水俣病で家族を失い自らも患者として生きた故・杉本栄子さんのミカン畑があった。

「生きんが為にも農薬は、絶対やめるべきじゃなかかな。自身が水銀で冒されて……毒の恐ろしさ、薬の恐ろしさも、身体が知ってるし、それがいちばん恐ろしかもんじゃけ、単に売らんがためのミカンじゃなしてですね、食べるミカンじゃち」

栄子さんのそんなことばを掲げて、現在このミカン畑を切り盛りしているのは「からたち」というグループの大澤基夫《おおさわもとお》さんだ。１９７０年代、水俣病患者支援のために京都からこの地に移り住んでミカンの栽培と販売を確立した夫婦がいた。大澤忠夫《ただお》さんとつた子さん。ふたりのあいだに生まれた息子が基夫さんだ。そしてこのミカン畑の農業指導をしているのは、われらが道法さん！　からたちと道法さんをつないだのは、もちろん福田さんだった。

「水俣病の経験があるからこそ安全な農業を目指すという意味で、杉本栄子さんはシンボル的な存在です。そのゆかりの畑を道法さんに引き受けてもらえるのは、ぼくにとってもうれしいことでした」

坂道をゆっくり走行しながら、福田さんは道法さんに相談したときのことを振り返る。

「ぼくは敢えて、しれっと言ったんです。有機栽培でミカンをつくってる畑があるんですけど面倒見てもらえますかって。『水俣病』とか『杉本栄子さん』なんてワードは出さなかった。なんていうか、道法さんには先入観をもたずにやってもらいたくて」

のちに道法さんは、茂道のミカン畑の由来を知って、

「福田さん、仕組んだね」

とニヤニヤしたらしい。

「これはなにより意義のある仕事や。ちゃんと先に言えよ」

道法さんは出会うべくして水俣・芦北・津奈木と出会ったのだった。そこには福田さんというキーマンがいた。人生、いたるところにキーマンあり。

夕凪の水俣湾が、白く光っている。

おわりに

道法さんと知り合って、わりとすぐに本の企画が決まり、本格的な取材が始まった。翌年には本ができる予定だった。ところがわたしのモタモタ癖が出て、完成は半年、1年、2年……と遅れていった。

おそらく当初、道法さんやその周囲のひとたちは、この画期的な農法の教科書のような本を望んでいたと思う。だけど農業経験もなく科学ジャーナリストでもないわたしに、体系だった専門書が書けるはずもなく。ただ道法さんの稀有な体験談を聞いては家に持ち帰って綴り、思い出して笑ったり憤慨したりしながら原稿のタネを育てていった。取材を重ねるうちに、道法正徳一代記の苗木は伸びていったが、なにしろ道法さんはいまだ進化中。どんどん行動し、どんどん新しい理論や手法を加えていく。この本をどう着地させたらいいのかわからなくなって、足踏みしたり昼寝したりしているうちに月日は過ぎていったのだった。

あるときふと、道法スタイルの実践者にもはなしを聞いてみようと思いついた。これが最高におもしろくて、どハマりした。どんなひとにもオリジナルの物語があって、それを拾い集めるのがわたしの大好物。まして相手は農業界の変人たちだ。最初はひとりかふたりにはなしを聞くつもりが、3人になり5人になりついには7人に。おかげで道法さんという幹に、味わい深い枝や葉っぱや花実がついて、うん、なんだか、いい感じの樹になった！（自画自賛）

結果的にこの本は、道法さんおよびそこに連なる人たちの、人生のエピソードを拾い集めたものとなった（農法の教科書らしさ、ゼロ）。それで書名を『農のひと』とでもしようかと思ったが、「農のひと」という語がもつ静謐さ、素朴さ、思索的なムードがどうもそぐわない。だって登場人物たち、みんなパンクなくせ者だもん。そこで『農《マルノウ》のひと』というタイトルが浮上したのだった。

農業の深さ、植物がもつ力のすごさは本文にたっぷり書いたので、ここでは道法さんと7人の実践者たちの物語から得た感慨を記しておきたい。ひとことで言うと「人生のシナリオの妙」だ。

道法さんは農業の常識を塗り替える革命児となったわけだが、もし農協の指導員にならなかったら、ミカン農家受難の時代がなかったら、左遷されなかったら。革命は起こらなかった。かもしれない。出来事をずーっと遡っていくと、ドラマの伏線はあらゆるところに張られている。
なんなんだ、この人生のシナリオは。絶妙すぎる。

矢野先生が体調を崩さなければ。松村さんが牛を死なせていなければ。水俣病が、福島の原発事故が、丹波の豪雨災害が起こらなければ。もちろんそのひとつひとつの不幸は、逆立ちしても肯定できない。だけど世界の終わりがこない限り、物語は続いていく。どんな理不尽にも悲しみにも、必ず次の展開がある……。

もちろんつらい出来事だけじゃなくて、誰といつ出会うのか、なにに興味をもつのか、閃くのか、誘われるのか、すべてがドラマの伏線なのだ。そのときは「なんとなく」だったとしても、あとから大きな意味をもつことが人生には多すぎる。なんておもしろいんだろう。

さてここで突如として私事を語るのであるが、いまから24年前の早春のこと、わたしはハンガリーのブダペストの路上をぶらついていた。そこで出会った青年がタベちゃんだ。関西の大学4回生で、卒業旅行中だと言った。いまよりずっと若者人口が多くて円高だった90年代半ば、世界のどこへ行っても旅する日本人の姿があり、声を掛け合って一緒に観光したり安い食堂で過ごすことも多かった。

「じゃ、日本に帰ったら連絡するね」

と言って別れても、旅先の縁なんて9割9分はそれっきり。だがタベちゃんとは帰国後も数年に一度、東京か京都か大阪でごはんを食べる仲になる。お互いに何度も転職して、会うたびに仕事が変わるねと笑い合った。瞬く間に20年が過ぎ、ある日、久しぶりにタベちゃんから連絡がきたのである。

「昨夜な、おもろい友だちと飲んでたら『広島で農業やってはるすごいおっちゃんがいるんやけど、誰か本にしてくれんかな』って言うやんか。たしかいま、真紀ちゃんは本を書くひとやったよな？」

タベちゃんのおもろい友だちがナカジマさんで、ナカジマさんが世話になっているのがマツダさんで、マツダさんと一緒に働いていたのが道法さんの次女の美子さんだった。なんだかもう蜘蛛の糸みたいな細いご縁をたどって、わたしは道法さんにたどり着いたのだ。だけどスタート地点ははっきりしている。24年前のブダペスト。あそこでタベちゃんとすれ違ったからこの本ができたのだ。そんなシナリオ、誰が書いた？

というわけで、さまざまなひとが絶妙のタイミングで交差して、ようやく本ができました。仕事がのろますぎるわたしを辛抱強く待っていてくれた道法さんとそのご家族、関係者の方々、そして左右社のみなさんに深くこうべを垂れて、お詫びとお礼を申し上げます。

本書の原稿の最終調整をしていた2020年の春は、世界が新型コロナウイルスの感染拡大に翻弄された春だった。道法さんとも直接会えず、電話でのやりとり。「せん定講習もセミナーも全部中止じゃ。仕事が減って困るよ」と笑いながら、道法さんはぜんぜん動じていなかった。「これからは自分で自分の食べ物を育てよういうひとが増えるじゃろ」「農作業ほど心が和むことはないしな」……そんなことを言いながら、電話の向こうでプシュッと缶ビールを開ける音がする。ふはは、泰然としている。自然と向き合ってきた年季が違う。はなしていると、こちらまでゆったりした気持ちになるのだった。

この本を読んでくれたみなさんの気持ちがゆったり、のびのびしますように。そして道法さんの農法がひとりでも多くのひとに届き、農の未来を明るく照らしますようにと願っています。

2020年、夕虹がかかった日

金井真紀

DOHO STYLE応援隊

山形県　中川吉右衛門・美花子さん／清水 寅さん　ねぎびとカンパニー（株）／植松真二さん　（株）松栗

福島県　紺野邦男さん／佐藤彌右衛門さん　大和川酒造（株）・会津電力（株）／山田 純さん　会津電力（株）・アイプロダクツ（株）／磯部英世さん　大和川ファーム・会津電力（株）／鵜川義和さん／朝倉玲子さん　（株）アサクラ

富山県　河合刀太・朱希代さん／粟野 秀・愛梨さん

埼玉県　佐々木敏行さん　（株）FAR EAST／横田茂・智恵美・岳・海さん／赤堀敬祐・香弥さん／山下貴史さん

東京都　河名秀郎さん　（株）ナチュラルハーモニー

千葉県　高橋博さん　自然栽培普及会

石川県　柳田尚利さん／深見嘉文さん　（株）スギヨファーム／松本仁孝・恭子さん

長野県　林 貴士・光得さん／松村暁生・輝美さん／工藤陽輔さん／遠藤孝太郎・ゆりこさん／名倉健治さん／相澤雅也さん　杏っこファーム／桐沢 隆さん／原薫さん　（株）柳沢林業／依田研一さん／栗林秀樹・絵里子さん

山梨県　矢野美紀さん／川口真由さん／丸子知子さん／佐々木久美さん

静岡県　竹上久一・千恵子さん／吉田光伸さん／久米健太・ゆき・眞利子さん／若槻詩子さん／相佐由香さん／大村 淳・川村若菜さん／鈴木里欣さん／杉本隆俊さん／米澤誠仁さん／西ケ谷亮志さん／（株）BLLUE LAKE project

岐阜県　三尾寿治さん／福善刃物工業（株）

愛知県　岡戸謙始・佳織さん／平川敦司さん／松尾順さん／河原七美子さん／トーアス（株）

三重県　中村元一さん／杉村農園／伊勢茶輸出プロジェクト

滋賀県　秀明自然農法ネットワーク／石上建一さん

京都府　野口益代さん／山本晋也さん

奈良県　堀川己智恵さん

和歌山県　豊田孝行さん／山田秦さん

大阪府　清水裕之さん　おおきにアグリ（株）

兵庫県　古跡真一さん／橋本慎司さん・永菅裕一さん　兵庫県有機栽培研究会／中川優・葉子さん／芝 卓哉さん／松田朗さん／金井啓修さん

岡山県　西野さつきさん／望月祐多さん　三穂の郷／勅使河原克利さん／木村道章さん／西野沙織さん

広島県　池田千恵美さん／葛谷仁美さん／鳥山光弘さん／国広卓也さん／大成農材株式会社／平元康彦さん／狩野 望さん

鳥取県　前田章吾さん

島根県　（株）美都森林組合／上田郁生さん／戸津川良・美由紀さん　和みファーム／三原洋治さん

山口県　石田俊文さん／浦上卓三さん

愛媛県　田中祐二・紀代さん／山根雅之・知子さん　Labo Choboro果樹園／林豊さん／今里拓哉さん

香川県　三宅功さん

福岡県　永野多希恵さん

大分県　神連克之／長田奈美／三村良久・厚子さん　三村農園

佐賀県　吉森 広さん　（株）吉森

長崎県　株式会社たらみ／（株）チョープロ

熊本県　牛島清一さん　ウシジマ青果（株）／福田大作さん／篠原智和さん／丸田良友さん／吉野芳美さん／本山真吾さん／柳田豊彦さん／中村伸治さん／からたちグループさん／反後人美さん　かねくら（株）／今村和弘さん

鹿児島県　津曲善三さん　津曲工業（株）

屋久島　乾恵二郎さん／鈴木充彦さん（合）やくしま果鈴 山のおやつ工房

奄美大島　田町まさよさん／叶 辰郎・淳子さん／川畑くみこさん　川畑農園

加計呂麻島　吉岡大雄・紀子さん

沖縄県　新里えりこさん

台湾　北畑良二さん／蒋 関价さん

東南アジア　北畑良二さん

チリ　元岡商店

カリフォルニア　船倉正孝

イタリア　アサクラオイル・秀明自然農法ネットワーク

著者
金井真紀（かない・まき）
1974年生まれ。テレビ番組の構成作家、酒場のママ見習いなどを経て、2015年より文筆家、イラストレーター。著書に『世界はフムフムで満ちている』『酒場學校の日々』（いずれも皓星社）、『はたらく動物と』（ころから）、『パリのすてきなおじさん』（柏書房）、『サッカーことばランド』（ころから）、『虫ぎらいはなおるかな？』（理論社）など。農業経験は、田植えの手伝いをわずかに5回ほど。

取材協力
道法正徳（どうほう・まさのり）
1953年広島県呉市豊浜町豊島生まれ。肥料・農薬を施さない安全でおいしい果樹・野菜づくりの提案、地球環境に重要な地下水を守る農業技術の普及に努めている。株式会社グリーングラス代表。著書に川田健次名義で『高糖度連産のミカンづくり』（農山漁村文化協会）、監修した本に『道法スタイル野菜の垂直仕立て栽培』（学研プラス）など。

マル農《のう》のひと

発行日　2020年8月31日　第1刷発行
　　　　2020年12月15日 第4刷発行

著者　金井真紀
取材協力　道法正徳、林貴士、ヘイ、矢野美紀、
　　　　松村暁生、山田純、橋本慎司、福田大作

発行者　小柳学
発行所　株式会社 左右社
〒150-0002 東京都渋谷区渋谷2-7-6
金王アジアマンション502
TEL 03-3486-6583　FAX 03-3486-6584
http://www.sayusha.com

装丁・レイアウト　矢萩多聞
装画・挿絵　金井真紀
印刷・製本　創栄図書印刷 株式会社

 ISBN 978-4-86528-288-7